Ajon Abraham Terfa

Gleba i jakość wody do nawadniania Wzdłuż rzeki Katsina-Ala

Ajon Abraham Terfa

Gleba i jakość wody do nawadniania Wzdłuż rzeki Katsina-Ala

Wydawnictwo Bezkresy Wiedzy

Imprint

Cover image: www.ingimage.com

Publisher:
Wydawnictwo Bezkresy Wiedzy
is a trademark of
International Book Market Service Ltd., member of OmniScriptum Publishing Group
17 Meldrum Street, Beau Bassin 71504, Mauritius

Printed at: see last page
ISBN: 978-620-0-81757-0

ABSTRACT

Przeprowadzono ocenę jakości gleby i wody do nawadniania w zlewniach rzeki Katsina-Ala w Benue State. Do oceny fizjograficznej badanych obszarów wykorzystano mapę topograficzną. Próbki gleb i wód z trzech wybranych zlewni: Logo, Ambighir i Katsina-Ala zostały zebrane i poddane analizie pod kątem parametrów jakościowych. Badania prowadzono w porze wilgotnej i suchej. Analiza mechaniczna gleb badanych obszarów wykazała, że Logo miało strukturę piaszczysto-gliniastą, podczas gdy Ambighir i Katsina-Ala miały strukturę piaszczysto-gliniastą. Gleby na badanych obszarach charakteryzowały się wysokimi wartościami zdolności przenikania. Wykazały one umiarkowane wartości CEC i zasad wymiennych oraz wysokie nasycenie zasad. Odczyn pH gleb wahał się od lekko kwaśnego w porach wilgotnych do lekko zasadowego w porach suchych. Przewodność elektryczna gleb była niska. Stwierdzono, że zarówno gleby, jak i woda są odpowiednie do nawadniania, ponieważ wartości parametrów związanych z ogólnymi problemami nawadniania, takimi jak zasolenie, przepuszczalność, toksyczność i "różne" mieszczą się w granicach "dopuszczalnego".

DYDYKACJA

Ta książka jest poświęcona Bogu Wszechmogącemu i moim zmarłym rodzicom Szefowi Ajonowi Mule i Mamie Mbameen Ajon.

POTWIERDZENIE

Głęboko dziękuję Wszechmogącemu Bogu za to, że uczynił wszystko, co było możliwe przez ten program i za dar życia.

Ogromnie doceniam moich zdolnych i oddanych przełożonych, Prof. M.E. Obi i Mr. M.S. Adegoye, za znalezienie czasu w ich napiętym harmonogramie, który poprowadzi mnie przez całą pracę.

Bez zastrzeżeń dziękuję również Kierownikowi Katedry Prof. S.A. Ayuba, Dziekanowi Agronomii Prof. M.O. Adeyemo oraz wszystkim wykładowcom w Katedrach Uprawy i Gleboznawstwa.

Doceniam Engr. Joshua Dondo Ahire, Dr. Anjembe, B.C. , Mr. Chagbe, K. i Dr. Iorliam Terngu za ich hojność i filantropię.

Ogromnie doceniam moją żonę, panią Kadoon Precious Ajon, moje dzieci pannę Emmanuellę Mesuur Ajon, Faustynę Msurshimę Ajon, senatora Michaela Ajona i Mojżesza Muła Ajona za ich moralne wsparcie przez cały okres studiów. Serdecznie dziękuję moim braciom, siostrom, przyjaciołom i kolegom z kursu.

Nie mogę zapomnieć o proboszczu św. Tymoteuszu T.A. Gbilekaa i późnym księdzu Tytusie K. Baka (CSSp) za ich cudowne modlitwy, rady i wskazówki podczas programu.

Spis treści

DODATKI

1. WPROWADZENIE

Benue State leży w południowej strefie rolno-ekologicznej Nigerii, w południowej Gwinei Savanna, gdzie opady deszczu są często nierównomierne i nieadekwatne pod względem ilości i rozmieszczenia do produkcji niektórych upraw. W Nigerii roczne opady wahają się od około 500 mm na skrajnej północy do około 3000 mm na południu, a ich intensywność jest wysoka (Ojeniyi, 1995). Roczne opady w Benue wahają się od około 900 mm do 1200 mm (Jimba i Adegoje, 2000).

W stanie Benue rolnictwo nawadniane deszczem cierpiało z powodu suszy rolniczej o różnej długości i intensywności (Ojeniyi, 1995), co powodowało konieczność nawadniania w celu zaspokojenia potrzeb w zakresie wilgotności upraw, niezbędnej do zaspokojenia zapotrzebowania na żywność i włókna.

Grunty orne w Benue State składają się z terenów wyżynnych i fadama (równiny zalewowe). Wyżyna jest uprawiana na wielu wysokowartościowych roślinach agronomicznych i ogrodniczych. Uprawa fadama jest uzależniona od opadów deszczu w porze wilgotnej i wilgotności resztkowej gleby w porze suchej. Aby złagodzić problem stresu wilgotnościowego w czasie dłuższych przerw między opadami, jak również w porze suchej, zapewnia się dodatkowe nawadnianie. Odbywa się to poprzez podnoszenie wody z wieloletnich zbiorników wód powierzchniowych i głębokich lub płytkich studni.

Chociaż nawadnianie jest użyteczne dla utrzymania produkcji rolnej w każdej miejscowości, konieczne jest, aby używać tylko dobrej jakości wody. Słaba jakość wody wpływa negatywnie zarówno na jakość gleby, jak i na produkcję roślinną (Bello, 2001; USDA, 2001; FAO, 1994).

Biorąc pod uwagę duże hektary gruntów, które są rolniczo wydajne w zlewni rzeki Katsina-Ala, istnieje odczuwalna potrzeba wspierania rolnictwa nawadnianego. Może to wspierać całoroczną produkcję roślinną na średnią skalę i złagodzić obecny niedobór żywności w stanie, a w konsekwencji zmniejszyć ubóstwo.

Rzeka Katsina-Ala, jest dziesiątą co do ważności rzeką w Nigerii (Atlas Narodowy Federalnej Republiki Nigerii, 1978). Ma ona długość około 346 km i liczne dopływy (Welcomme, 1976). Niezależnie od jej znaczenia dla rozwoju społeczno-gospodarczego tego obszaru, w jego zlewniach brakuje wiedzy na temat jakości gleby i wody. Konieczne jest zatem zbadanie i ocena jakości gleb oraz wód powierzchniowych i gruntowych w obrębie zlewni.

1.1 Cel badania

Głównym celem badań była ocena jakości gleb i wód w niektórych miejscach wzdłuż zlewni rzeki Katsina-Ala w Benue State, dla celów irygacyjnych.

1.1. 1Szczegółowe cele badania

Szczegółowe cele badań były następujące:

i. ocenić jakość gleb w wybranych miejscach wzdłuż zlewni rzeki Katsina-ala

ii. oceniać jakość wody w wybranych miejscach na rzece Katsina-Ala do celów irygacyjnych oraz,

iii. określić uprawy, które można dostosować do właściwości gleby i wody lub które są odporne na te właściwości.

2. PRZEGLĄD LITERATURY

Ziemia, gleba, woda, roślinność, ryby i zwierzęta gospodarskie, skały, minerały i różne formy energii, którymi nasze środowisko jest obdarzone przez naturę, są określane jako zasoby naturalne (Ojeniyi, 2002). Wśród zasobów naturalnych, gleba i woda są wrażliwe na wpływ człowieka i stanowią bazę zasobów dla naszej zrównoważonej przyszłości (Adepetu, 1997). Gleba jest najważniejszym czynnikiem w produkcji rolnej, stanowiącym główne medium wzrostu roślin. Manipulowanie lub zarządzanie tą bazą surowcową ma znaczący wpływ na środowisko lub ekosystemy ze względu na jej wpływ na zasoby wodne, osadnictwo ludzkie, jakość powietrza, zanieczyszczenie wody i ziemi, rodzaj i rozmieszczenie roślinności, rybołówstwo i dziką faunę i florę (Ojeniyi, 2002; Agbede, 2009; Sanchez, 1976).

2.1 Geologia i gleby

Stan Benue jest jednym z najmniej udokumentowanych geologicznie obszarów w Nigerii. Shell-British Petroleum Company rozpoczął wczesne prace poszukiwawcze ropy naftowej na tym obszarze, wykorzystując głównie fotointerpretację lotniczą i pozostawiając niewiele lub brak szczegółowych informacji na temat geologii tego obszaru (Offodile, 1976).

Według Murata (1970), ryflowane koryto Benue zostało utworzone w pierwszej fazie tektonicznej (albijskiej) i wypełnione osadami z trzech głównych cykli od środkowo-albijskiego do dolno-senońskiego. Pierwszy cykl doprowadził do osadzenia się grupy osadów z rzeki Asu (głównie łupków morskich), drugi cykl doprowadził do osadzenia się grupy łupków Ezeaku, a trzeci - formacji Agwu.

2.2. Charakterystyka gleb w Nigerii

Według Agbede (2009), naukowcy zajmujący się badaniem gleby w Nigerii podjęli szereg działań w celu jej sklasyfikowania i przeprowadzenia prac doradczych. Ogólnie rzecz biorąc, gleby w Nigerii są z natury nieurodzajne i łatwo ulegają wpływom czynników środowiskowych. Większość gleb ma lekką strukturę i niską zdolność do wymiany kationowej (CEC). Zawartość gliny waha się od 9 do 75%; na ponad 60% powierzchni gruntów zawartość gliny wynosi mniej niż 15%. CEC waha się od 2,50 do 46,5 me/100g gleby, przy czym na większości gleb wartość ta wynosi mniej niż 10,0. pH gleby w wodzie waha się od 4,0 do 8,5. Łączna zawartość wapnia (Ca) i magnezu (Mg) w większości gleb waha się od 0,5 do 5,55 me/100g, ale może przekraczać 20me/100g w glebach, w których procentowa zawartość gliny przekracza 50, takich jak gleby wokół Bende i Ikom odpowiednio w stanie Imo i Cross River. Potas (K) jest zazwyczaj niski (0,07 - 0,6 me/100g gleby), a jego zawartość jest zazwyczaj najniższa w glebach piaskowcowych. Zawartość materii organicznej waha się od 1,0 do 2,6%. Podobnie jak większość gleb w tropikach, w wilgotnych i pod-wilgotnych strefach ekologicznych Nigerii, gdzie dominują minerały ilaste, takie jak kaolin, gibbsit, hematyt i goetyt, straty substancji odżywczych są bardzo duże. Gleby w strefach Sudanu i Północnej Gwinei Sawanny w Nigerii mają wysoki stan bazowy, podczas gdy te w południowej Gwinei i strefach lasów deszczowych mają niskie wartości procentowe nasycenia bazowego. Tendencja ta podkreśla dominujący efekt wymywania w procesie pedogenicznym na wilgotnych glebach Nigerii.

Gleby hydromorficzne w południowej Nigerii mają umiarkowanie wysoką zawartość materii organicznej, co wynika z ograniczonego rozkładu w glebach. Dostępna miedź, cynk, mangan i żelazo są również umiarkowanie wysokie i zwykle nie występują w nich niedobory. Kontrola erozji gleby, zarządzanie pozostałościami organicznymi i utrzymanie jej żyzności, zwłaszcza w przypadku upraw ciągłych, to główne wyzwania, przed którymi stoją nigeryjscy naukowcy zajmujący się glebą w swoich wysiłkach na rzecz osiągnięcia produkcji żywności na wystarczającym poziomie i bezpieczeństwa (Agbede, 2009).

Według Ojeniyi (2002), gleby w Nigerii cierpią na niedobory typowe dla gleb tropikalnych. Należą do nich: niska zawartość materii organicznej i N, mała głębokość i wysoka kwasowość. Około 63% gleb rolniczych w Nigerii charakteryzuje się niską produktywnością, a ponad 90% stanowią lucerny i ultizole o niskiej zawartości materii organicznej i niskiej aktywności glin. Około 35% gleb we wschodnich stanach składa się z piasków kwaśnych, w których od 6 do 93% piasku znajduje się na powierzchni, a kationy takie jak Ca, Mg i K są łatwo wymywalne, co powoduje toksyczność Al i Mn. Gleby te są na ogół porowate, o wysokim stopniu infiltracji, kruche, a zatem łatwo podatne na erozję (Lekwa i Whiteside, 1996). Przy intensywnych uprawach, zwłaszcza przy zmechanizowanym zagospodarowaniu terenu, jakość gleby w Nigerii, podobnie jak w innych tropikalnych regionach świata, szybko pogarsza się. Przy uprawie trwającej ponad cztery lata następuje szybka utrata materii organicznej, co w konsekwencji prowadzi do pogorszenia struktury gleby, ewentualnie erozji i utraty wody. Około 31% gruntów w Nigerii to grunty orne. Pomimo ogromnego postępu w badaniach rolniczych w krajach rozwiniętych, o wiele więcej trzeba się nauczyć o zarządzaniu glebami w Nigerii (Ojeniyi, 2002).

2.3. Dystrybucja składników pokarmowych w czterech strefach ekologicznych Nigerii

Akinrinde i Obigbesan (2003) ocenili mikroskładniki pokarmowe w odniesieniu do właściwości fizykochemicznych w glebach czterech stref ekologicznych Nigerii: lasu deszczowego, pochodnej sawanny, nadbrzeżnego lasu deszczowego i morskiej morskiej sawanny północnej i stwierdzili, że wartości analityczne były następnie powiązane z odpowiednimi właściwościami fizykochemicznymi gleby. Gleby te różniły się pod względem ilości mikroskładników pokarmowych ogółem i ekstraktywnych. Wartości całkowite Mn i Zn wahały się od 24,00 do 114,00 i od 1,00 do 54,00 mgkg-1, a średnie odpowiednio 60,60 i 23,60 mgkg-1, natomiast wartości 0,1NHCl - ekstraktywne Mn, Fe, Cu i Zn wahały się od 0,30 do 14,21, od 10,00 do 100,00, od 0,27 do 0,46 i od 0,60 do 95,50mgkg-1, a średnie wynosiły odpowiednio 5,06, 58,8, 0,34 i 7,70 mgkg-1. Dość znaczna część gleb nie wykazywała niedoboru mikroelementów.

2.4. Jakość gleby

Jakość gleby to zdolność określonego rodzaju gleby do funkcjonowania w naturalnych granicach zarządzanego ekosystemu w celu podtrzymania produktywności roślin i zwierząt, utrzymania lub poprawy jakości wody i powietrza, wspierania zdrowia ludzkiego i zamieszkania (USDA, 2001). Według Seybold *et al.*(1998) funkcja gleby opisuje to, co robi gleba. Funkcje gleby są:

i. Utrzymanie aktywności biologicznej, różnorodności i wydajności.

ii. Regulacja i podział wody i przepływu solutu.

iii. Filtrowanie i buforowanie, degradacja, unieruchamianie i detoksykacja materiałów organicznych i nieorganicznych, łącznie z produktami ubocznymi przemysłowymi i komunalnymi oraz depozycją atmosferyczną.

iv. Przechowywanie i przemieszczanie składników odżywczych i innych elementów w biosferze Ziemi.

v. Wspieranie struktur socjoekonomicznych i ochrona skarbów archeologicznych związanych z mieszkaniem ludzi.

Gleba ma naturalnie różną zdolność do funkcjonowania, dlatego też jakość jest specyficzna dla każdego rodzaju gleby. Pojęcie to obejmuje dwie odrębne, ale wzajemnie powiązane części, mianowicie jakość właściwą i jakość dynamiczną (Larson i Pierce, 1994; USDA, 2001). Cechy takie jak konsystencja i mineralogia są wrodzonymi właściwościami gleby, determinowanymi przez czynniki jej powstawania - klimat, topografię, roślinność, materiał rodzicielski i czas. Wspólnie właściwości te decydują o jakości właściwej glebie. Pomagają one porównać jedną glebę z drugą i ocenić gleby pod kątem konkretnych zastosowań (Seybold *i in.* , 1998; Larson i Pierce, 1994; Doran i Parkin, 1994; Brady i Weil, 1999).

Ostatnio jakość gleby odnosi się do dynamicznej jakości gleb, definiowanej jako zmieniający się charakter właściwości gleby wynikający z użytkowania i gospodarowania przez człowieka (Larson i Pierce, 1994). Właściwości gleby, które zmieniają się wraz z zawartością wody, określane są jako właściwości dynamiczne (Obi, 2000).

2.4.1. Zintegrowane podejście do jakości gleby

Natural Research Conservation Service (NRCS), Agricultural Research Service (ARS), Cooperative Extension Service i inne od wielu lat działają na rzecz poprawy jakości gleby poprzez zachęcanie do stosowania najlepszych praktyk zarządzania, takich jak kontrola erozji i zarządzanie substancjami odżywczymi (USDA, 2001). Ponieważ jakość gleby stała się wiodącą koncepcją w zakresie ochrony i ochrony zasobów naturalnych, obecnie kładzie się większy nacisk na związek między szczególnymi dynamicznymi właściwościami gleby a jej wydajnością. Poprawa tych dynamicznych właściwości gleby jest celem zarządzania jakością gleby (Larson i Pierce, 1994).

Jakość gleby jest użytecznym modelem oceny i poprawy jej zasobów, ponieważ stanowi ona zintegrowaną metodę oceny wielu aspektów gleby i ich powiązań. Dzięki połączeniu biologicznych, fizycznych i chemicznych właściwości gleby, wszystkie składniki i interakcje systemu glebowego są postrzegane razem. To zintegrowane podejście prowadzi do bardziej kompleksowych rozwiązań w porównaniu do oceny każdej właściwości gleby niezależnie (Doran *i in.* , 1996).

W każdym miejscu nadającym się do uprawy roślin, potencjał plonowy zależy od jakości gleby i praktyk stosowanych przy jej uprawie (Ojeniyi, 2002; Agbede, 2009).

2.4.2. Ocena jakości gleby/wskaźniki

Ocena jakości gleby jest narzędziem służącym do oceny zmian w glebie spowodowanych zarządzaniem oraz do powiązania istniejących problemów związanych z zasobami z praktykami gospodarowania gruntami w sposób przyjazny dla środowiska (Doran i Parkin, 1994). Oceny jakości gleby są zatem wykorzystywane do oceny wpływu zarządzania na zdrowie gleby (Doran i in. , 1996; Romig *i in.* , 1995). Oceny jakości gleby dokonuje się za pomocą wskaźników oceny. Wskaźnikami mogą być właściwości fizyczne, chemiczne i biologiczne, procesy lub właściwości gleby. Wskaźniki mogą być oceniane za pomocą technik jakościowych i/lub ilościowych. Ocena jakościowa polega na określeniu charakteru wskaźnika. Ocena ilościowa to dokładny pomiar wskaźnika (Doran *i in.* , 1996; Larson i Pierce, 1994; Seybold *i in.*, 1998; USDA, 2001; Abrol, 1982).

Onweremdu *i in.* (2003) wykazali właściwości fizykochemiczne gleby, które mogą być wykorzystane jako wiarygodne wskaźniki stanu gleby w strefie rolniczej Owerri. Zastosowanymi parametrami fizykochemicznymi były: tekstura gleby, głębokość, pojemność wodna gleby oraz stopień jej dyspersji. Konsystencja gleby oceniała retencję i ruch wody w sferze glebowej, natomiast głębokość gleby szacowała potencjał wzrostu korzeni roślin, chłonność i wytrzymałość mechaniczną roślin. Zdolność zatrzymywania wody w glebie w związku z dostępnością wilgoci, jako wskaźnik dyspersji gleby, ocenia wiarygodność gleby. Parametry chemiczne gleby obejmują pH, zasady wymienne, zdolność kationowymienna, nasycenie zasad, kwasowość wymienną i materię organiczną gleby. Dobrymi wskaźnikami dostępności składników pokarmowych są: pH gleby, zasady wymienne i kwaśność wymienna. Do oceny żyzności gleby wykorzystuje się nasycenie zasad i materię organiczną gleby.

2.4.3 Minimalne zbiory danych i wskaźniki

Ponieważ pomiar każdego ekosystemu lub każdej właściwości gleby jest niepraktyczny, wielu badaczy zaproponowało minimalny zestaw danych, który jest najmniejszym zestawem właściwości gleby lub wskaźników potrzebnych do pomiaru lub scharakteryzowania jakości gleby. Identyfikując kluczowe właściwości lub atrybuty gleby, które są wrażliwe na zmiany w jej funkcjach, ustanawia się minimalny zbiór danych, który przedstawiono w tabeli 1 poniżej.

Tabela 1: MINIMALNY ZESTAW DANYCH DOTYCZĄCYCH WSKAŹNIKÓW JAKOŚCI GLEBY

Wskaźnik	Związek ze zdrowiem gleby
Substancja organiczna w glebie (SOM)	Żyzność gleby, jej struktura, stabilność, retencja składników odżywczych, erozja gleby i dostępna pojemność wodna
Fizyczny	
Struktura gleby	Zachowanie i transport wody i składników odżywczych, siedlisko mikrobów oraz erozja gleby.
Głębokość gleby i ukorzenienie	Oszacowanie potencjału wydajności upraw, zagęszczenia i patelni płużnej
Infiltracja i gęstość nasypowa	Ruch wody, porowatość i wykonalność.
Pojemność zbiornika wodnego	Magazynowanie i dostępność wody.
Chemiczny	
Ph	Dostępność biologiczna i składników odżywczych
Przewodność elektryczna	Wzrost roślin, aktywność mikrobiologiczna i tolerancja na sól
Wyciągalne N, P i K	Roślinne dostępne składniki odżywcze i możliwość utraty N i P.
Biologiczny	
Mikrobiologiczny węgiel z biomasy(C) i N	Mikrobiologiczny potencjał katalityczny i repozytorium dla C i N.
Potencjalnie mineralizowalny N	Wydajność gleby i potencjał zasilania N.
Oddychanie w glebie	Miara aktywności mikrobiologicznej.

(Adaptacja z: Doran *et al.*, 1996; Larson and Pierce, 1994; oraz Seybold *et al.*, 1998).

2.4.4. Jakość gleby: Wpływ właściwości fizyczno-chemicznych

Oluwatosin *i in.* (2003) zasugerowali, że ocena jakości gleby i ocena gruntów to dwa sposoby, dzięki którym można poznać potencjał gruntów do konkretnego wykorzystania. Pierwszy z nich jest zjawiskiem nowym, natomiast drugi dopiero w 1961 roku. Oluwatosin i in. (2003) przeprowadzili ocenę jakości gleby pod kątem funkcji produkcji roślinnej oraz badania oceny gruntów na 12 jednostkach kartograficznych. Jakość gleby oceniano za pomocą technik wieloczynnikowej transformacji wskaźnikowej (MVIT). Do klasyfikacji zdolności gruntowej wykorzystano metodę USCA (FAO, 1979), a do oceny przydatności do produkcji ryżu i kukurydzy na obszarach górskich - metodę parametryczną (FAO, 1979). Wyniki wykazały, że gleby były średniej i wysokiej jakości, z procentową oceną jakości odpowiednio 42 i 75%. Klasyfikacja zdolności do uprawy, w zakresie od II do VI, wskazywała na gleby nadające się do użytkowania rolniczego i niezbywalnego, z ograniczeniami takimi jak niski stan żyzności, wysoka zawartość żwiru i płytka efektywna głębokość gleby. Gleby na tym obszarze nie nadają się obecnie do uprawy ryżu na terenach górskich (0,8 %) i kukurydzy (37 %), podczas gdy potencjalnie ich przydatność wahała się między niską, średnią i wysoką oceną jakości wynoszącą odpowiednio 33 i 100 %. Porównanie jakości gleby z dwoma metodami oceny gruntów wykazało istotną dodatnią korelację (r=0,71) jakości i przydatności gleby oraz nieistotną korelację między jakością gleby a rzeczywistą przydatnością (r=0,37) i potencjalną przydatnością (r=0,25). Na podstawie tych wyników można wnioskować, że klasyfikacja jakości i przydatności gleby może być stosowana zamiennie. Obie te klasyfikacje oceniają glebę szeroko, podczas gdy ocena przydatności, która jest specyficzna dla danej uprawy, nie może być zastąpiona oceną jakości gleby.

Udom *i in.* (2003) stwierdzili, że badano zagrożenie zasoleniem i degradację właściwości fizycznych gleby piaszczystej (Arenic Kandustult) w Nsukce, która była poddana 36-letniemu intensywnemu usuwaniu częściowo oczyszczonych osadów ściekowych. Wartości ESP, zasolenia gleby (ECe), stężenia soli i ciśnienia osmotycznego były istotnie wyższe ($p<0,01$) w wierzchniej warstwie gleby na składowisku w porównaniu do tej na składowisku bezodpływowym. Stężenie soli i ciśnienie osmotyczne w glebie na składowisku wynosiło odpowiednio 2016mg kg-1 i 1,35atm w poziomie AB.

Aikore *et al.* (2003) zbadali zmiany w jakości gleby i stwierdzili, że jakość gleby zmieniała się wraz z ciągłym stosowaniem i sposobem zarządzania. Wielkość tej zmiany należy rozumieć przez ilościowe określenie jakości gleby. Do badań wykorzystano dwa kontrastujące ze sobą miejsca użytkowania gruntów (30 lat ugoru i 30 lat ciągłej uprawy kukurydzy i manioku). Próbki gleby pobrano z 10 losowo wybranych punktów w każdym z miejsc na głębokości 0-15 cm, a wskaźniki jakości gleby oceniono ilościowo. Do przekształcenia i włączenia wskaźników w jakość procentową wykorzystano technikę Multiple variable indicator transform (MCIT). Oceny wahały się od 70-80% przy średniej 79% i w uprawie ciągłej. Procentowa ocena jakości wahała się od 30-50% przy średniej 37%. Na podstawie uzyskanych wyników widać, że jakość gleby pogarsza się przy uprawie ciągłej. W okresie 30 lat jakość gleby spadła o 42 %.

Onyeokore i Akamigbo (2003) przeprowadziły dochodzenie w sprawie gleb nawadnianych i nienawadnianych w obrębie i wokół dolnego projektu nawadniania Anambra w Omorze. Pobrano i przeanalizowano próbki wody z rzeki Anambra (źródło wody do nawadniania) oraz próbki wody z polowych stawów ryżowych. Ocena dynamiki właściwości fizycznych gleb nawadnianych w porównaniu z glebami nienawadnianymi wykazała 15% bardzo istotny wzrost gęstości nasypowej (p=0,01), 20% bardzo istotny spadek porowatości całkowitej (p=0,01) i 28% bardzo istotny spadek infiltracji (p=0,01), 50% istotny (p=0,05) spadek nasyconej przewodności hydraulicznej, natomiast średnia łączna średnica masy wykazała 18% bardzo istotny spadek p=0,01). Woda do nawadniania była dobrej jakości, o niskim zakresie przewodności elektrycznej (0,014mmhos/cm), stosunku adsorpcji sodu (0,004 ppm), całkowitej zawartości rozpuszczonych substancji stałych (26ppm) i twardości całkowitej (23,6ppm).

2.5. Klasyfikacja przydatności gleby do nawadniania

System zaprojektowany przez Departament Spraw Wewnętrznych Stanów Zjednoczonych, Biuro Rekultywacji, (USBR, 1953) i jego modyfikacje są szeroko stosowane do oceny przydatności do nawadniania. Klasa 1 to najlepsza ziemia (orna nadająca się do nawadniania). Grunty mniej nadające się do nawadniania są następnie klasyfikowane w dół w zależności od skutków ekonomicznych szeregu fizycznych braków gruntów, działających pojedynczo lub łącznie. Wyróżnia się cztery główne klasy: Klasa 1-3: grunty orne (nadające się do nawadniania), klasa 4: grunty marginalne nadające się do nawadniania, klasa 5: grunty tymczasowo nienadające się do uprawy oraz klasa 6: grunty nie orne (nienadające się do nawadniania) (FAO, 1979; Esu, 1988).

Tabela 2: RATING INDEXU GLEIL INDEXU DO POWIERZCHNIENIA RÓŻNYCH URZĄDZEŃ HODOWLANYCH DLA JEDNOSTEK GLEBOWYCH W OBSZARZE KADUŃSKIM (Esu, 1982).

Klasyfikacja taksonomiczna		**Pozycja topograficzna**	**Klasa odpływu**	**Klasa gleby dla rolnictwa nawadnianego**		
USDA Soil Taxonomy	FAO/ UNESCO			**Numeryczne**	**Procent**	**Względne**
Oxic Paleustalf, drobno-gliniasty, mieszany, izohypertermiczny	Nitozole Dystryktowe	Szczyt na ramię	Dobrze opróżnione	3	51	Dobry
Plinthustalf, drobno mielony, izohypertermiczny	Klinika Luvisolsa	Zbocze wsteczne do zbocza palcowego	Dobrze opróżnione	4	34	Umiarkowanie dobry
Typowy tropaczkowy, drobny, kaolinitowy, izohypertermiczny	Dystric Gleysols	Nachylenie stóp	Słabo odwodniony	5	10	Biedny
Typowy Ustifluvent, gruboziarnisty, mieszany izohypertermiczny	Fluwizole eutryczne	Levees	Umiarkowanie dobrze opróżnione	1	81	Doskonały

Klucz:(Storie, 1937)

80 – 100%	1	Doskonały
60 – 80%	2	Bardzo dobry
40 – 60%	3	Dobry
20 – 40%	4	umiarkowanie dobry
10 – 20%	5	Biedny
Mniej niż 10%	6	Bardzo biedny

2.6. Ocena jakości wody

Jakość wody odnosi się do właściwości zaopatrzenia w wodę, które będą miały wpływ na jej przydatność do określonego zastosowania. Jakość jest definiowana przez pewne właściwości fizyczne, chemiczne i biologiczne (FAO, 1994). W ocenie wody do nawadniania kładzie się nacisk na właściwości chemiczne i fizyczne wody i tylko rzadko kiedy inne czynniki są uważane za istotne (Ayers and Westcot, 1994; FAO, 1994; Rogers *i in.*, 2003; Rhoades 1972).

Rolnictwo nawadniane jest uzależnione od odpowiedniego zaopatrzenia w wodę o odpowiedniej jakości użytkowej. Obawy o jakość wody były często lekceważone, ponieważ zasoby wody dobrej jakości były obfite i łatwo dostępne. Sytuacja ta zmienia się obecnie w wielu dziedzinach (Ayers i Westcot, 1994). Intensywne korzystanie z prawie wszystkich zasobów dobrej jakości oznacza, że nowe projekty irygacyjne i stare projekty poszukujące nowych lub uzupełniających zasobów muszą opierać się na źródłach niższej jakości i mniej pożądanych (FAO, 1994). Aby uniknąć problemów przy korzystaniu z tych złej jakości zasobów wodnych, należy odpowiednio zaplanować, aby zapewnić jak najlepsze wykorzystanie dostępnej wody (FAO, 1994).

Jakość wody do nawadniania ocenia się na podstawie kryteriów całkowitej zawartości substancji stałych oraz stężenia toksycznych pierwiastków śladowych (Rhoades, 1972; Shainberg i Oster 1978; Foth,

1984; Rogers *i in.* , 2003). Również woda używana do nawadniania może mieć bardzo różną jakość w zależności od rodzaju i ilości rozpuszczonych soli (Foth, 1984; Shainberg i Letey 1983; Michael, 1985). Ilość i charakter tych rozpuszczonych soli zależy od źródeł i składu chemicznego, na które z kolei wpływają warunki hydrometeorologiczne (Belan, 1985). Najczęściej rozpuszczone w wodzie jony to wapń, magnez, siarczan, sód, azotan, bor, chlorek, węglany i wodorowęglany. To między innymi stężenie i proporcja tych rozpuszczonych jonów decyduje o przydatności wody do nawadniania (Belan, 1985; Ajayi *i in.*, 1990; Shainberg i Oster, 1978; Ayers i Westcot, 1994; Rhoades, 1972).

Pogorszenie się właściwości fizycznych gleby, degradacja środowiska i zmniejszenie plonów to możliwe skutki złej jakości wody do nawadniania (FAO, 1984; Benami i Ofen, 1982). Sangodoyin i Ogedengbe (1991) poinformowali, że oprócz odpowiedniego zaopatrzenia upraw w wodę, jakość wody jest również istotna dla optymalizacji plonów.

Idealną sytuacją jest posiadanie kilku zapasów, z których można dokonać wyboru. Należy ocenić jakość dostępnego zasilacza, aby sprawdzić, czy pasuje on do zamierzonego zastosowania. Zależność przyczynowo-skutkowa pomiędzy składnikiem wody a zaobserwowanym problemem skutkuje następnie oceną jakości lub stopnia akceptowalności. Niektóre składniki pojawiają się jako wskaźniki problemów związanych z jakością (FAO, 1994). Jakość wody lub jej przydatność do użytku ocenia się na podstawie potencjalnego nasilenia problemów, których wystąpienia można się spodziewać podczas długotrwałego użytkowania (Ayers i Westcot, 1994).

Najczęściej spotykane i wykorzystywane do oceny jakości wody problemy związane z glebą to problemy związane z zasoleniem, stopniem infiltracji wody i problemami z toksycznością (Rogers *i in.*, 2003; FAO, 1994; Ayers and Westcot, 1994; USDA, 2001; Yakubu *i in.* , 2006).

W północnych częściach Nigerii, gdzie panuje jałowe środowisko naturalne, poczyniono ogromne postępy w programach rozwoju irygacji (Ahmed i Tanko, 2000; Nwa i Martins, 1982). Rolnictwo nawadniane deszczem cierpi z powodu suszy rolniczej o różnej długości i intensywności. Obszary zlewni rzeki Katsina-Ala nie są tu wyjątkiem. W Nigerii roczne opady wahają się od około 500 mm na skrajncj północy do około 3000 mm na południu, a ich intensywność jest wysoka (Ojeniyi, 1995). Roczne opady w Benue wahają się od 900 do 1200 mm (Komunikacja osobista, Adegoje, 2009). Bolton (1981) zasugerował, że tam, gdzie brak wilgotności gleby ograniczał produkcję roślinną, agronomowie często oceniali innowacyjne praktyki zarządzania pod względem efektywności wykorzystania wody, czyli stosunku produkcji suchej masy do wody wykorzystywanej do produkcji roślinnej.

Jakość wody rzadko jest czynnikiem ograniczającym nawadnianie, ale problemy, które istnieją, są zlokalizowane i specyficzne dla poszczególnych obszarów (FAO, 1984). Jak podaje Kitano (1975), wszystkie wody używane do nawadniania zawierają sól, od kilku miligramów na litr w opadach do około 100 mg/l w ekstremalnych przypadkach. Woda deszczowa, rozpuszczanie się skał i gleby na wiosnę, jeziora i wody gruntowe odpowiadają za te sole w wodzie morskiej.

Ajoade (1988) stwierdziła, że jakość wody jest funkcją składu fizycznego, chemicznego i biologicznego wody, a w stanie naturalnym woda wykazuje wyraźne różnice w jakości w zależności od rodzaju i lokalizacji źródeł. Dodał również, że jakość wód gruntowych była na ogół stabilna w czasie, ponieważ była zdeterminowana głównie składem chemicznym skał pełniących funkcję poziomów wodonośnych.

Sangodoyin i Ogedengbe (1991) zauważyli, że jakość wody i odpowiednie zaopatrzenie upraw w wilgoć są ważne dla produkcji roślinnej. Stwierdzili również, że nie istnieje reguła pierwszej ręki w odniesieniu do jakości wody, która byłaby uwarunkowana zmiennością klimatu, geologii, rodzaju uprawianych roślin i zużycia wody.

Adegoje (1986) stwierdził, że ocena jakości wody wymaga przeprowadzenia badań geochemicznych w celu określenia kationów, anionów, pierwiastków śladowych, całkowitych rozpuszczonych ciał stałych oraz oceny wpływu geologii, klimatu, czasu, roślinności i działalności człowieka na fizykochemiczne właściwości wody.

Wartość pH wody do nawadniania nie jest akceptowalnym kryterium jakości wody, ponieważ jest ona buforowana przez materię organiczną gleby i większość upraw toleruje szeroki zakres pH. Jakość wody używanej do nawadniania ocenia się na podstawie całkowitej zawartości rozpuszczonych substancji stałych, stężenia sodu, stężenia soli rozpuszczalnych oraz występowania toksycznych pierwiastków śladowych (Shainberg i Oster; 1978).

Michael (1978) zauważył, że niezależnie od tego, jakie mogą być źródła wody do nawadniania; rzeka, strumień, otwarty kanał czy studnia rurowa, niektóre rozpuszczalne sole zawsze były w niej rozpuszczone lub obecne, a charakter i ilość tych rozpuszczonych soli zależała od źródła i przebiegu wody przed użyciem. Główne składniki rozpuszczalne w wodzie to wapń, magnez, sód, chlorki, siarczan i potas w postaci kationów oraz węglan w postaci anionów. Jony litu, krzemu, bromu, jodu, miedzi, niklu, kobaltu, fluoru, boru, manganu, ołowiu i molibdenu są również obecne w niewielkich ilościach. Zauważył również, zgodnie z FAO (1994), że te minerały zazwyczaj nie wpływają na jakość wody do nawadniania, jeśli chodzi o całkowite stężenie soli, ale niektóre jony, takie jak selen, molibden i fluor, jeśli wchłonięty przez rośliny w nadmiernych ilościach, były szkodliwe dla życia zwierząt, gdy podjęte przez wodę pitną, paszy lub paszy. Ponadto zauważył, że wśród składników rozpuszczalnych, wapń, magnez, sód, chlorek, siarczan i wodorowęglan i bor miały podstawowe znaczenie w określaniu jakości i przydatności wody do nawadniania. Czynniki takie jak struktura, struktura, właściwości drenażowe gleby, rodzaj uprawianych roślin, głębokość zwierciadła wody, obecność twardej warstwy wapna lub gliny oraz warunki klimatyczne były równie ważne w określaniu przydatności wody do nawadniania w rolnictwie.

2.6.1. Kryteria jakości wody

Spośród wszystkich licznych czynników wpływających na jakość wody do nawadniania ogólnie przyjętymi czynnikami lub kryteriami oceny jakości są: 1) całkowite stężenie soli mierzone przewodnictwem elektrycznym, 2) względny udział kationów wyrażony stosunkiem adsorpcji sodu (SAR) oraz 3) zawartość wodorowęglanów i boru. Przydatność wody nawadnianej (SIW) wyrażona jest jako:

SIW = f (Q, S, P, C, D)

Gdzie;

Q = jakość wody do nawadniania

S = rodzaj gleby

P = charakterystyka tolerancji na sól rośliny

C = klimat

D = właściwości drenażowe gleby.

Na jakość wody do nawadniania wpływa przede wszystkim jej źródło (Michael, 1978).

2.7. Źródła wody

Źródła wody są podzielone na cztery części: wody powierzchniowe, wody gruntowe, wody opadowe i ścieki.

2.7.1. Wody powierzchniowe

Z wyjątkiem morza, wody powierzchniowe mogą być uważane za mieszaninę wód gruntowych, źródlanych, deszczowych i ściekowych. Spływają z opadów atmosferycznych poprzez strumienie i rzeki lub gromadzą się w zagłębieniach powierzchniowych, tworząc zbiorniki lub stawy. Wody spływowe ze strumieni i rzek są magazynowane w zbiornikach lub są kierowane bezpośrednio przez systemy kanałowe do nawadniania. Spływ przechowywany w zbiornikach lub stawach może być regulowany do nawadniania za pomocą odpowiedniego systemu transportowego.

2.7.2. Źródło wód gruntowych

Źródła wód gruntowych obejmują: studnie wiercone, filtrowane źródła brzegowe, źródła i wody mineralne. Według Michaela (1978), występowanie i rozmieszczenie wód gruntowych zależało od charakterystyki formacji wód gruntowych, czyli obszarów pokrytych skałami kompleksu piwnicowego. Dostępność i potencjał rozwojowy wód gruntowych na podstawie rozważań geologicznych opisano w trzech szerokich kategoriach, a mianowicie (1) skały nieskonsolidowane, (2) skały półskonsolidowane i (3) skały skonsolidowane.

2.7.3. Woda opadowa

Są to: deszcz, mgła, mróz, mgła, grad, śnieg i woda lodowcowa.

2.7.4. Ścieki

Wody domowe są znacznie zanieczyszczone, głównie przez zanieczyszczenia organiczne. Natomiast ścieki z przemysłu i handlu mogą zawierać prawie wszystko w dowolnym stężeniu. Branże takie jak browary, destylarnie, mleczarnie, rzeźnie, papiernie i celulozownie, cukrownie i zakłady przetwórstwa spożywczego wytwarzają głównie zanieczyszczenia organiczne. Jednak w przemyśle chemicznym i metalurgicznym często występują ścieki zawierające toksyczne substancje zanieczyszczające, których nie można przetwarzać razem z odpadami domowymi, chyba że zostaną one poddane pewnemu oczyszczeniu wstępnemu.

2.8. Jakość źródeł wody

2.8.1. Jakość wód powierzchniowych

Jakość wody w rzece Anambra została uznana za ogólnie dobrą, co wykazała analiza niższego projektu nawadniania Anambry po dziesięciu latach nawadniania (1984-1994) przeprowadzona przez Oneyokore i Akamigbo (2003). Woda do irygacji miała niskie zakresy przewodności elektrycznej (EC), współczynnika adsorpcji sodu (SAR), całkowitej zawartości rozpuszczonych substancji stałych (TDS) i całkowitej twardości.

Degradacja wód powierzchniowych w wyniku sekwencyjnego wykorzystania i ponownego wykorzystania jednego źródła wody do nawadniania jest uderzająco widoczna w strumieniu w górnej części Wadi Al Hama, w pobliżu Taiz, w Jemeńskiej Republice Arabskiej. Górny zasięg strumienia był doskonałej jakości (ECw=0,5 ds/m; SAR=1,0). Duża jego część była kierowana do nawadniania terenów dolinnych przylegających do strumienia, a wszystkie odwodnienia, zarówno podziemne jak i powierzchniowe, wracały do strumienia, aby ponownie wykorzystać go do nawadniania terenów zboczowych, ale w wyczerpanej objętości i wysokim zasoleniu. Wzorzec upraw dla nawadnianych upraw zmieniał się wzdłuż Wadi w miarę wzrostu zasolenia. Stosunkowo wrażliwa fasola, kukurydza i pomidory ustąpiły miejsca bardziej tolerancyjnemu sorgo (Hazen i Sawyer, 1979).

W Etiopii rzeka Awash jest głównym źródłem wody do nawadniania upraw w środkowych i niższych regionach dorzecza Awash. Stwierdzono, że woda ta ma dobrą jakość chemiczną do nawadniania w większości miejsc pobierania próbek w górnym i środkowym biegu rzeki, a jej wartość ECw waha się od 0,2 do 0,7 ds/m, przy czym szczególne zagrożenia związane z toksycznością jonową praktycznie nie istnieją. Zawiesiny osadów zawarte w tej wodzie stanowiły jednak poważny problem dla większości projektów wykorzystujących ją do nawadniania i innych zastosowań (FAO, 1994).

Jakość wody w rzece jest często odwrotnie proporcjonalna do przepływu; rozcieńczenie spowodowane spływem w okresach deszczowych lub roztopowych zazwyczaj utrzymuje całkowite stężenie soli na niskim poziomie (Ochtman i Debele, 1975).

2.8.2. Jakość wód gruntowych

Woda ze studni stanowi ważne źródło nawadniania, a jej jakość jest bardzo zróżnicowana ze względu na warunki klimatyczne i hydrogeologiczne. Paliwal i Gandhi (1976) podzielili jakość zasobów wód podziemnych na trzy główne grupy, tj;

(i) jakość wody w regionach suchych i regionach o opadach poniżej 45 cm rocznie,

(ii) jakość wody w zależności od warunków hydrologicznych, jak wysokie zwierciadło wody, oraz

(iii) jakość wody w studniach na niektórych obszarach regionów przybrzeżnych kraju pod wpływem wstecznego przepływu wody morskiej i zalania.

Natural Resources Authority (1978) i Wye College (1975) zauważyły, że program nawadniania Wadi Dhuleil był największym projektem nawadniania wód gruntowych we wschodniej Jordanii. Zaopatrzenie w wodę do irygacji pochodziło w całości z wód gruntowych. Woda pompowana z poziomu wodonośnego Dhuleil-Halabot była początkowo dobrej jakości z ECw w zakresie od 0,4 do 0,6 ds/m. w północno-wschodniej części projektu. Niższa jakość wody stwierdzana była przy ECw w zakresie od 1,05 do 1,35 ds/m. Głównym źródłem degradacji była sól znajdująca się głębiej w profilu glebowym, a nie sól ze strefy korzeniowej. Nowe studnie w nowych obszarach irygacyjnych wykazały tę samą tendencję degradacyjną po kilku latach eksploatacji. Jednym z alternatywnych środków był wybór upraw bardziej odpornych na rosnące zasolenie wody.

2.9 Problemy związane z jakością wody w rolnictwie nawadnianym

Woda używana do nawadniania może mieć bardzo różną jakość w zależności od rodzaju i ilości rozpuszczonych soli. Sole są obecne w wodzie irygacyjnej czasami w stosunkowo małych, ale znacznych ilościach. Pochodzą one z rozpuszczania lub wietrzenia skał i gleby, w tym z rozpuszczania wapna, gipsu i innych powoli rozpuszczanych minerałów glebowych (FAO, 1984). Sole te są przenoszone w wodzie do miejsca ich użycia. W przypadku nawadniania, sole te są aplikowane wraz z wodą i pozostają w glebie podczas parowania wody lub są wykorzystywane przez rośliny uprawne (FAO, 1994). Najczęściej spotykane i wykorzystywane jako podstawa do oceny jakości wody problemy związane z glebą to problemy związane z zasoleniem, stopniem infiltracji wody, toksycznością i grupą innych różnych problemów (Ayers i Westcot, 1994).

2.9.1. Problemy z zasoleniem

Woda irygacyjna zawiera mieszaninę naturalnie występujących soli. Gleby nawadniane tą wodą będą zawierały podobną mieszaninę, ale zazwyczaj w większym stężeniu niż w wodzie stosowanej (Oster i Rhoades, 1983). Stopień nagromadzenia się soli w glebie będzie zależał od jakości wody do nawadniania, zarządzania nawadnianiem i odpowiedniości drenażu. Większość wody używanej do nawadniania była dobrej lub doskonałej jakości i mało prawdopodobne jest, aby stanowiła poważne ograniczenie zasolenia. Kontrola zasolenia staje się jednak trudniejsza w miarę pogarszania się jakości wody. Wraz ze wzrostem zasolenia wody należy zwracać większą uwagę na wypłukiwanie soli ze strefy korzeniowej, zanim ich nagromadzenie osiągnie stężenie, które może mieć wpływ na plony (Oster i Rhoades, 1983).

Sole są dodawane do gleby przy każdym nawadnianiu. Sole te zmniejszają plony, jeśli gromadzą się na głębokości ukorzenienia do szkodliwej koncentracji. Uprawy usuwają z gleby znaczną część stosowanej wody, aby zaspokoić swoje zapotrzebowanie na ewapotranspirację (ET), ale pozostawiają większość soli w celu skoncentrowania się w zmniejszającej się objętości wody glebowej. Przy każdym nawadnianiu dodaje się więcej soli wraz ze stosowaną wodą, a część dodanej soli musi zostać wymyta ze strefy korzeniowej, zanim stężenie wpłynie na wydajność uprawy. Frakcja stosowanej wody, która przechodzi przez całą głębokość ukorzenienia i perkoluje poniżej, nazywana jest frakcją wymywalną (L.F) (Prichard, 1983).

$$L.F = \frac{\text{Głębokość wody wymywanej poniżej strefy korzeniowej}}{\text{Głębokość wody nałożonej na powierzchnię}}$$

Po wielu kolejnych nawadnianiach akumulacja soli w glebie zbliży się do pewnego stężenia równowagi na podstawie zasolenia zastosowanej wody i frakcji wymywającej. Wysoka frakcja wymywająca (L.F=0,5) powoduje mniejsze nagromadzenie soli niż niższa frakcja wymywająca (L.F=0,1). Jeśli zasolenie wody (ECw) i frakcja wymywalna (LF) są znane lub mogą być oszacowane, zasolenie wody drenarskiej, która perkoluje poniżej głębokości ukorzenienia (ECdw) może być oszacowane za pomocą równania:

$$ECdw = \frac{ECw}{LF}$$ (Ayers and Westcot, 1994).

Sole w glebie lub wodzie zmniejszają dostępność wody dla upraw w takim stopniu, że wpływa to na wielkość plonów (Ayers i Westcot, 1994). United States Geological Survey (USGS) (1974) zaobserwowała, że niskie zasolenie z ECw w zakresie od 0,05 do 0,01 ds/m może często powodować poważne problemy z infiltracją wody na glebach posadzonych do upraw wrażliwych na wilgoć, takich jak ziemniaki i cytrusy.

Zasolenie wód gruntowych wykorzystywanych do nawadniania jest zróżnicowane, ale na ogół wysokie (FAO, 1994). W badaniu 47 gospodarstw w Bahrajnie, Arabia Saudyjska, stwierdzono, że zasolenie wody do nawadniania waha się od 3,25 do 4,95 ds/m. Pomimo wysokiego zasolenia, bor był niski do umiarkowanego (0,4 - 1,2 mg/l). Większość badanych gospodarstw zajmowała się produkcją warzyw. Ze względu na zasolenie, maksymalne plony roślin warzywnych nie są możliwe bez zastosowania ługowania i częstego nawadniania (Worthington, 1977; USBR i South Delta Water Agency, 1980; DWR, 1965).

Warunki glebowe i wysokie zasolenie wody do nawadniania sprawiają, że dolina doliny Medjerda w Tunezji jest trudna do uprawy. Gleba zawiera 35% CaCO3. Gleby te mają bardzo niski stopień infiltracji, a zasolenie (ECw) waha się w granicach 1,3 - 4,7 ds/m. (Vant Leven i Haddad, 1968).

2.9.1.1. Gleby solankowe/sodowe

Wiele rozpuszczalnych soli może być rozmieszczonych w profilu glebowym w taki sposób, że powodują one spowolnienie wzrostu większości roślin. Dla gleby słonej przewodność elektryczna (EC) ekstraktu nasyconego ma minimalną wartość 4mmhoscm $^{-1}$ ^{na} 25oc, wymienny procent sodu (ESP), jest mniejszy niż 15%. Zakres pH wynosi od 7,1 do 8,5. Podstawowe kationy to Ca2+ i Mg2+. Wizualnie gleby mają białawą skorupę powierzchniową, wilgotne, tłuste, pozbawione roślinności powierzchnie. Rośliny wykazują zahamowany wzrost (Obi, 2009; Ayuba, 2008).

Gleby zasadowe (sodowe) charakteryzują się nadmiernym stopniem nasycenia wymiennym sodem z lub bez znaczących rozpuszczalnych soli. Zawartość procentowa wymiennego sodu (ESP) > 15% i pH > 8,5. Gleby sodowe są najbardziej alkaliczne ze wszystkich gleb i najtrudniej je odzyskać. Mają rozproszone koloidy, bardzo niską przepuszczalność i wspomagają niewielki lub niski wzrost roślin (Obi, 2009; Ayuba, 2008).

Gleby solankowo-zasadowe mają nadmierną ilość obu rozpuszczalnych soli (>4mmhos/cm); ESP>15% i pH<8,5. Przy znacznym nadmiarze soli, zachowaniu i wyglądzie zbliżonym do gleb zasolonych; przy nadmiernym wypłukaniu soli rozpuszczalnych, gleby te mogą zmienić się w charakterystyczne gleby zasadowe. (Obi, 2009; Ayuba, 2008).

2.9.2. Problemy z infiltracją

Infiltracja odnosi się do wprowadzania wody do gleby. Szybkość wnikania wody do bezpośredniej powierzchni gleby określa się jako szybkość infiltracji. Problem jakości wody jest przede wszystkim związany z łatwością, z jaką woda wchodzi i przemieszcza się przez kilka górnych centymetrów gleby. Szybkość infiltracji wynosi zaledwie 3 mm/godz., podczas gdy szybkość infiltracji powyżej 12 mm/godz. jest stosunkowo wysoka (FAO, 1994). Może na to jednak mieć wpływ wiele innych czynników niż jakość wody, w tym właściwości fizyczne gleby, takie jak struktura i rodzaj minerałów ilastych oraz właściwości chemiczne, w tym wymienne kationy. Stopień infiltracji na ogół zwiększa się wraz ze wzrostem zasolenia i maleje wraz ze spadkiem zasolenia lub wzrostem zawartości sodu w stosunku do wapnia i magnezu - wskaźnika adsorpcji sodu. Dlatego też oba te czynniki, zasolenie i SAR, muszą być brane pod uwagę razem w celu właściwej oceny ostatecznego wpływu na szybkość infiltracji wody (Ayers i Westcot, 1994; Rhoades. 1977; oraz Oster i Schroer, 1979).

Woda o niskim zasoleniu (poniżej 0,5 ds/m, a zwłaszcza poniżej 0,2 ds/m) jest korozyjna i ma tendencję do wymywania gleb powierzchniowych wolnych od rozpuszczalnych minerałów i soli, zwłaszcza wapnia, zmniejszając ich silne działanie stabilizujące na agregaty glebowe i strukturę gleby. Bez soli, a w szczególności bez wapnia, gleba ulega rozproszeniu, a rozproszone cząstki drobniejsze wypełniają wiele mniejszych przestrzeni porowych, uszczelniając powierzchnię i znacznie zmniejszając tempo przenikania wody do powierzchni gleby. Problemy ze skorupowaniem gleby i powstawaniem plonów często powodują, oprócz zmniejszenia ilości wody, która dostanie się do gleby w określonym czasie i która może ostatecznie powodować stres wodny pomiędzy nawadnianiem. Bardzo niskie zasolenie wody (poniżej ECw-0,2 ds/m) prawie zawsze powoduje problemy z infiltracją wody, niezależnie od względnego stosunku sodu (lub SAR) (Oster i Schroer, 1979).

Problemy z infiltracją spowodowane jakością wody związane są z zanieczyszczeniami (Ca, Mg, Na, HCO3 i zasolenie ECw) występującymi w wodzie. Przy rozwiązywaniu problemów z infiltracją, niektóre zmiany chemiczne (gips) dodawane do gleby lub wody powinny poprawić niski stopień infiltracji spowodowany niskim zasoleniem lub nadmierną zawartością sodu (wysoki SAR) w wodzie irygacyjnej. Metody fizyczne, w tym praktyki kulturowe, mogą być stosowane w celu poprawy lub utrzymania rozsądnego poziomu infiltracji w okresach nawadniania lub opadów (FAO, 1994).

2.9.3. Problemy z toksycznością

Problem toksyczności różni się od problemu zasolenia tym, że występuje w samej roślinie i nie jest spowodowany brakiem wody. Toksyczność zazwyczaj występuje wtedy, gdy pewne jony są pobierane wraz z wodą glebowo-wodną i gromadzą się w liściach podczas przesyłu wody w stopniu powodującym uszkodzenie rośliny (Ayers i Westcot, 1994). Stopień szkód zależy od czasu, koncentracji, wrażliwości upraw i zużycia wody w uprawie, a jeśli szkody są wystarczająco poważne, wydajność upraw jest mniejsza (Maas, 1984). Typowymi jonami toksycznymi w wodzie do nawadniania są chlor, sód i bor (Maas, 1984; FAO-UNESCO, 1973; Pearson, 1960 i Abrol, 1982).

2.9.3.1. Chlorek

Najczęstszą toksycznością jest chlorek w wodzie do nawadniania. Chlorek nie jest adsorbowany ani powstrzymywany przez gleby. Dlatego łatwo przemieszcza się wraz z wodą glebowo-wodną, jest pobierany przez rośliny uprawne, przemieszcza się w strumieniu transpiracji i gromadzi się w liściach. Jeśli stężenie chlorku w liściach przekracza tolerancję uprawy, pojawiają się objawy uszkodzeń, takie jak oparzenie liści lub wysychanie tkanki liściowej. Analiza chemiczna tkanki roślinnej jest powszechnie stosowana w celu potwierdzenia toksyczności chlorków (Maas, 1984).

2.9.3.2 Sód

Toksyczność sodu nie jest tak łatwo diagnozowana jak toksyczność chlorkowa, ale wyraźne przypadki tej pierwszej zostały odnotowane w wyniku stosunkowo wysokiego stężenia sodu w wodzie (wysokie Na lub SAR). Typowe objawy toksyczności to oparzenie liści, przypalenie i martwa tkanka wzdłuż zewnętrznych krawędzi liści, w przeciwieństwie do objawów toksyczności chlorkowej, które zwykle występują początkowo na skrajnym końcu liścia. Połączenie analizy gleby, wody i tkanek roślinnych znacznie zwiększa prawdopodobieństwo prawidłowej diagnozy. (FAO - UNESCO, 1973; Pearson, 1960; Abrol, 1982).

2.9.3.3 Bor

Jeden do dwóch miligramów/litr boru może być toksyczny dla niektórych upraw. Wody powierzchniowe rzadko zawierają wystarczająco dużo boru, aby były toksyczne, ale woda w studniach i źródłach czasami zawierają toksyczne ilości. Toksyczność boru może mieć wpływ na prawie wszystkie rośliny uprawne. Objawy obejmują żółknięcie starszych liści, plamienie lub wysychanie tkanki liściowej na końcówkach i krawędziach.

W celu potwierdzenia toksyczności boru można zastosować analizę gleby i wody (Maas, 1984).

2.9.4 Różne problemy

2.9.4.1 Nadmiar azotu

Azot jest składnikiem odżywczym roślin, który stymuluje wzrost roślin. Naturalny azot glebowy lub dodane nawozy są zwykłymi źródłami, ale azot w wodzie do nawadniania ma taki sam wpływ jak azot nawozowy stosowany w glebie, a jego nadmiar powoduje nadmierne stymulowanie wzrostu roślin, opóźnione dojrzewanie lub niską jakość. Najłatwiej dostępnymi formami azotu są azotan i amon, ale forma azotanowa (NO3-N) występuje najczęściej w wodzie do nawadniania. Azotan amonowy rzadko występuje w ilościach przekraczających 1 mg/l, chyba że do wody dodaje się nawóz amonowy lub ścieki. Stężenie w większości wód powierzchniowych i gruntowych jest zazwyczaj mniejsze niż 5 mg/l NO3-N, ale niektóre nietypowe wody gruntowe mogą zawierać ilości przekraczające 50 mg/l. Wody drenażowe spod strefy korzeniowej mają często wyższe poziomy azotu z powodu głębokiego wymywania nawozów. Wiadomo, że ścieki, zwłaszcza z przetwórstwa spożywczego i źródeł domowych, mają wysoką zawartość azotu, której wartości wahają się od 10 do 50 mg/l (1 Mg/l NO3-N=1KgN/1000m3 wody) (Ayers i Westcot, 1994).

2.9.4.2. Nieprawidłowe pH

pH gleby jest wskaźnikiem kwasowości lub zasadowości wody. Głównym zastosowaniem pH w analizie wody jest wykrywanie wód nienormalnych. Normalny zakres pH dla wody do nawadniania wynosi od 6,5 do 8,4. Wartość nienormalna jest ostrzeżeniem, że woda wymaga dalszej oceny.

Woda do nawadniania o pH wykraczającym poza normalny zakres może powodować brak równowagi żywieniowej lub może zawierać toksyczne jony. Każda zmiana pH gleby spowodowana przez wodę będzie następować powoli, ponieważ gleba jest silnie buforowana i jest odporna na zmiany. Niekorzystne pH może wymagać korekty, w miarę możliwości, poprzez wprowadzenie zmian w wodzie (Ayers i Westcot, 1994).

2.9.4.3 Wapń, wodorowęglan i siarczan

Woda irygacyjna zawierająca dużą ilość wapnia, wodorowęglanów i siarczanów stanowi ciągły problem powstawania białej łuski na liściach lub owocach podczas stosowania zraszaczy. Mimo, że nie jest toksyczna, osad ten ogranicza zbywalność owoców i liści. Małe emitery kropelkowe są również narażone na gromadzenie się złogów w pobliżu małych otworów, co prowadzi do ich zatykania. W ramach zarządzania jedną z technik jest dodanie do wody kwaśnego materiału w celu zmniejszenia ilości wodorowęglanów, co z kolei powinno zmniejszyć wytrącanie się wapna (Rhoades i Merrill, 1976).

2.9.4.4 Problemy z magnezem

W wodzie zdominowanej przez magnez (stosunek Ca/Mg<1) lub w glebie magnezowej (stosunek Ca/Mg<1), potencjalny wpływ sodu może być nieznacznie zwiększony. Innymi słowy, dana wartość SAR będzie wykazywać nieco większe uszkodzenia, jeśli stosunek Ca/Mg jest mniejszy niż 1. Im niższy stosunek, tym bardziej szkodliwy jest SAR. Wyniki badań wskazują, że przy danym SAR zastosowanej wody, przy zastosowaniu wody o stosunku Ca/Mg mniejszym niż 1 (Rahman i Rowell, 1979), ESP gleby będzie wyższy niż normalnie. Nie ma wystarczających danych, aby stosunek Ca/Mg lub stosunek wapnia do całkowitego kationu uczynić współczynnikiem oceny przy ocenie przydatności wody do nawadniania, ale jeśli stosuje się wodę do nawadniania, która ma stosunek Ca/Mg mniejszy niż jeden, lub stosunek wapnia do całkowitego kationu mniejszy niż 0,15, konieczna jest dalsza ocena (Rahman i Rowell, 1979). Taka woda może stanowić potencjalny problem związany z odżywianiem roślin i ocena może być potrzebna do określenia, czy łatwo dostępne źródło rozpuszczalnego wapnia istnieje w glebie lub czy dalsze badania są potrzebne do określenia, czy wapń powinien być dodany jako nawóz lub zmiany gleby (Paliwal i Gandhi, 1976; Koenigs i Brinkman, 1964; Howard i Adams, 1965; Simpson *i in.*, 1979; Carter i Webster, 1979; Ulrich i Mostafa, 1976; Fong i Ulrich, 1970).

2.9.4.5 Elementy śladowe i ich toksyczność

Pierwiastki śladowe występują w prawie wszystkich źródłach wody, ale w bardzo niskich stężeniach, zwykle poniżej kilku mg/l, a większość z nich to mniej niż 100 mikrogramów na litr (ug/l) (Pratt, 1972). Wody powierzchniowe zwykle zawierają niższe stężenia niż wody gruntowe. Zaopatrzenie w wodę do nawadniania nie musi być sprawdzane na obecność pierwiastków śladowych, chyba że istnieje jakiś powód, aby podejrzewać toksyczność. W prawie wszystkich przypadkach, w których pierwiastki śladowe są na wysokim poziomie, są one wynikiem działalności człowieka, w szczególności odprowadzania ścieków (Evans *i in.*, 1979). Nie wszystkie pierwiastki śladowe są toksyczne i w małych ilościach wiele z nich jest niezbędnych dla wzrostu roślin (Fe, Mn, Mo, Zn). Jednak ich nadmierna ilość powoduje niepożądane nagromadzenie w tkance roślinnej i ograniczenie wzrostu. Tabela 3 przedstawia zalecane maksymalne stężenia pierwiastków śladowych w wodzie do nawadniania.

Tabela 3 ZALECENIE MAKSYMALNEJ KONCENTRACJI ELEMENTÓW TRASOWYCH W WODACH IRYGACYJNYCH

Element	Zalecane maksymalne stężenie Stężenie (mg/l)	Uwagi
Al (Aluminium)	5.0	Może powodować nieproduktywność w glebach kwaśnych (pH <5,5), ale więcej gleb alkalicznych o pH >7,0 wytrąca jony i eliminuje wszelkie toksyczności.
As (arsen)	0.10	Toksyczność dla roślin jest bardzo zróżnicowana, od 12 mg/l w przypadku trawy sudańskiej do mniej niż 0,05 mg/l w przypadku ryżu.
Be (beryl)	0.10	Toksyczność dla roślin jest bardzo zróżnicowana i waha się od 5 mg/l dla jarmużu do 0,5 mg/l dla bobu.
Cd (kadm)	0.01	Toksyczny dla fasoli, buraków i rzepy w stężeniach do 0,1mg/l w pożywkach. Wartości graniczne zalecane ze względu na możliwość akumulacji w roślinach i glebie w stężeniach, które mogą być szkodliwe dla ludzi.
Co (kobalt)	0.05	Toksyczny dla roślin pomidora przy 0,1 mg/l w pożywce. Ulega inaktywacji przez gleby obojętne i alkaliczne.
Cr (chrom)	0.10	Nie jest powszechnie uznawany za istotny element wzrostu. Limity konserwatywne zalecane ze względu na brak wiedzy na temat jego toksyczności dla roślin.
Cu (miedź)	0.20	Toksyczny dla wielu roślin przy 0,1 mg/l w roztworach substancji odżywczych.

F (fluorek)	1.0	Nieaktywowane przez gleby neutralne i alkaliczne.
Fe (żelazo)	5.0	Nie toksyczne dla roślin sin sin napowietrzane gleby, ale może przyczynić się do zakwaszenia gleby i utraty dostępności niezbędnych fosforu i molibdenu. Napowietrzne zraszanie może powodować nieestetyczne osady na roślinach, urządzeniach i budynkach.
Li (lit)	2.5	Tolerowane przez większość upraw do 5 mg/l; ruchome w glebie. Toksyczny dla owoców cytrusowych w niskich stężeniach (<0,075 mg/l). Działa podobnie do boru.
Mn (mangan)	0.20	Toksyczny dla wielu upraw w ilościach od kilkudziesięciu do kilku mg/l, ale zazwyczaj tylko w glebach kwaśnych.
Mo (molibden)	0.01	Nie jest toksyczny dla roślin w normalnych stężeniach w glebie i wodzie. Może być toksyczny dla zwierząt gospodarskich, jeśli pasza jest uprawiana w glebach o wysokim stężeniu dostępnego molibdenu.
Ni (nikiel)	0.20	Toksyczny dla wielu roślin przy stężeniu od 0,5 mg/l do 1,0 mg/l; zmniejszona toksyczność przy pH obojętnym lub zasadowym.
Pd (ołów)	5.0	Może hamować wzrost komórek roślinnych w bardzo wysokim stężeniu.
Se (selen)	0.02	Toksyczne dla roślin w stężeniach już od 0,025 mg/l i toksyczne dla zwierząt gospodarskich, jeśli pasza jest uprawiana w glebach o stosunkowo wysokiej zawartości dodanego selenu. Niezbędny

		element dla zwierząt, ale w bardzo niskich stężeniach.
V (wanad)	0.10	Toksyczny dla wielu roślin w stosunkowo niskich stężeniach.
Zn (cynk)	2.0	Toksyczny dla wielu roślin w bardzo różnych stężeniach; zmniejszona toksyczność przy pH > 6,0 i w glebach drobnoziarnistych lub organicznych.

Zaadaptowany z NationalAcademy of Sciences (1972) i Pratt (1972).

3. MATERIAŁY I METODY

3.1 Obszary badań

Badania zostały przeprowadzone w trzech wybranych zlewniach rzeki Katsina-Ala. Są to: Logo, Ambighir i Katsina-Ala.

3.1.1. Lokalizacja

Rzeka Katsina-Ala znajduje się na obszarze hydrologicznym, który można określić jako obszar dolnego biegu rzeki Benue, pomiędzy szerokościami $^{6050'}$ a 7048'N oraz długościami 8049' a $^{9050'}$E (Rys.1). Powstał on z wyżyny Bamenda, część gór Kamerunu, (1000 - 2000m n.p.m.) meandrujący na północnym-zachodzie i przecinający międzynarodową granicę w BenueState w Kashimbila (6055'N, $^{9037'}$E), przed opróżnieniem w rzece Benue w Gbajimba (7048'N i 8049'N) około 160m n.p.m., (Ogueri, 2001). Ma ona długość około 346 km i liczne dopływy (Welcomme, 1976).

W zlewni rzeki Katsina-Ala jako obszar badań wykorzystano metropolię Katsina-Ala (ryc. 2). Leży ona pomiędzy szerokościami geograficznymi 709' i 7014'N a długościami geograficznymi $^{90'}$14 i $^{9021'}$E (ryc.1).

Obszar zlewni rzeki Ambighir znajduje się w Ambighir w Gboko Local Government Area of Benue State (Rys. 2). Obszary badań są ograniczone przez długości $^{8036'}$ i $^{8045'}$E oraz szerokości $^{7045'}$ i 8000'N (rys. 1).

Zlewnia rzeki Logo znajduje się na Logo w Logo Local Government Area (Rys. 2). Obszary badań są ograniczone długościami 9016'E i $^{9028'}$E oraz szerokościami geograficznymi $^{7036'}$ i $^{7050'}$N (Rys. 1).

3.1.2. Odciążenie i odprowadzenie

Maksymalne wzniesienie zlewni rzeki Katsina-Ala wynosi 151,5 m n.p.m., a minimalne wzniesienie 121,21 m n.p.m. Ukształtowanie terenu Ambighiru waha się od 90 do 262 m n.p.m., a Logo od około 121 do 159 m n.p.m.

Tereny badań to pofałdowane równiny. Główną rzeką osuszającą rzeki Ambighir i zlewnia Logo jest rzeka Katsina-Ala . Następnie rzeka Benue odwadnia rzekę Katsina-Ala. Rzeka Ambighir i Logo są dopływami rzeki Katsina-Ala (Rys. 1).

3.1.3. Klimat

Klimat badanych obszarów to tropikalna sawanna. Minimalna temperatura wynosi $9,^{70C}$ a maksymalna $33,5^{0C}$. Średnia miesięczna temperatura wynosi 27,30C. Całkowita roczna suma opadów waha się między około 900 a 1200 mm. Pora sucha i wilgotna na badanych obszarach jest różna. Pora deszczowa zaczyna się w marcu/kwietniu i kończy w październiku/listopadzie. Opady zależą od ruchu międzywrotnikowej strefy konwergencji (ITCZ). Międzywrotnikowa Strefa Konwergencji (ITCZ) jest granicą pomiędzy wilgotnym, obciążonym wiatrem morskim i suchym wiatrem północno-wschodnim (harmattan).

Według Alhassana (1995), strefa zachodniej Savanny charakteryzuje się dwoma dominującymi masami powietrza, a mianowicie suchym na północy harmatanem i wilgotnym wiatrem, który pochodzi z Sahary, oraz wilgotnym powietrzem morskim, obciążonym na południowy zachód monsunami. Te dwie masy powietrza spotykają się w Międzyzwrotnikowej Strefie Konwergencji, która raz do roku przemieszcza się z północy na południe.

3.1.4 Wegetacja

Roślinność na badanych obszarach jest typu Gwinea Sawannah, charakteryzuje się trawą z nielicznymi rozproszonymi krzewami i drzewami. Wzdłuż rzek na badanych obszarach znajdują się lasy.

3.1. 5Użytkowanie ziemi

Grunty znajdujące się na obszarze badań są wykorzystywane do uprawy takich roślin, jak pochrzyn, maniok, kukurydza, proso, orzechy ziemne, soja, benzyna, ryż, melon i inne warzywa. Na tych obszarach znajdują się również uprawy drzew, takich jak mango, palmy, cytrusy, nerkowce i inne drzewa gospodarcze. W Katsina-Ala na obszarach zalewowych uprawia się trzcinę cukrową, banany i warzywa.

3.1.6. Ustawienie geologiczne

Badania geologiczne obszarów zostały przeprowadzone metodą pomiarową kompasową i trawersyjną. Jako trawersy wykorzystano dostępne drogi i chodniki.

Wychodnie skalne zostały zaobserwowane i opisane megaskopowo. Obszary badań są podłożem dla jednostek skalnych kompleksu niezróżnicowanych piwnic. Zaobserwowano również następujące jednostki skalne: aluwium, łupki Ezeaku, piaskowce i lateryt w Logo. Aluwium, łupki Ezeaku, piaskowce i trzeciorzędowy bazalt występują w Ambighir, natomiast gnejs, skała kataklastyczna, aluwium i piaskowce dominują w rejonie rzeki Katsina-Ala.

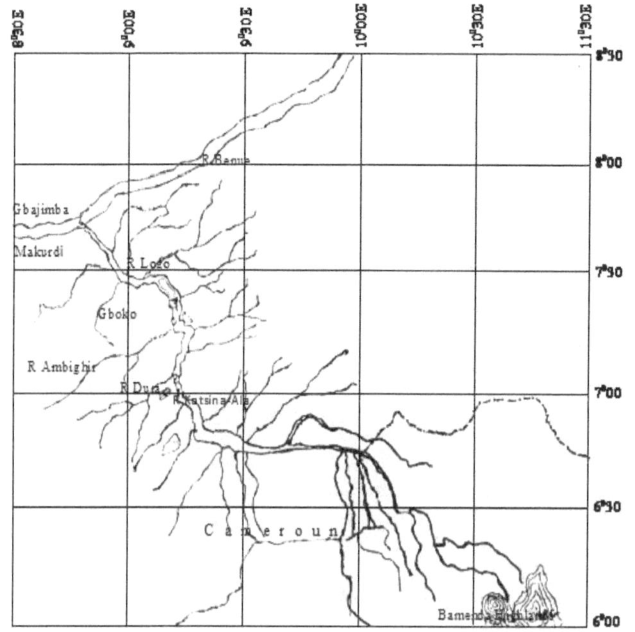

Rysunek 1. Położenie i odwodnienie obszaru zlewni rzeki Katsina-Ala.

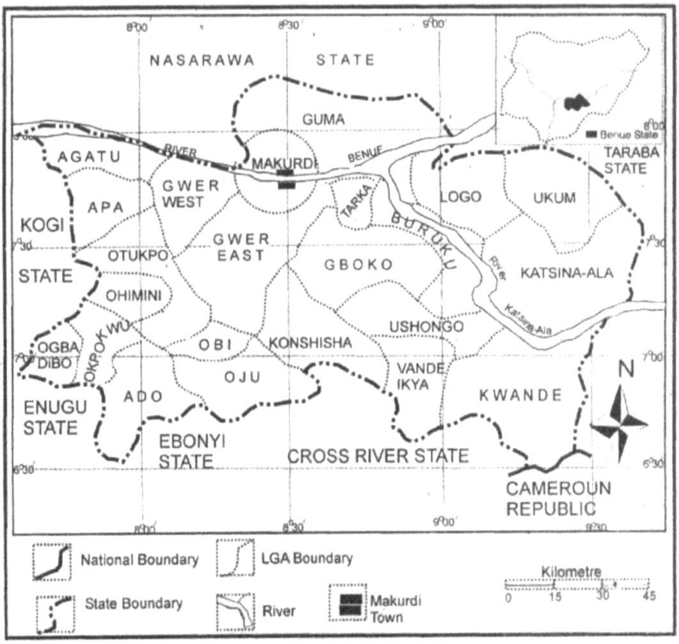

Rysunek 2. Mapa stanu Benue przedstawiająca Logo, Gboko i Katsina-Ala.

Źródło: Atlas Narodowy Federalnej Republiki Nigerii, 1978 r.

3.2 Metody pól

3.2.1 Zdolność infiltracyjna

Testy wydajności infiltracji przeprowadzono w trzech zlewniach rzeki Katsina-Ala. W każdej z nich wyznaczono sześć (6) lokalizacji. Próbę infiltracji wykonano poprzez wykopanie wykopu 10cm X 10cm X 10cm w każdym miejscu. Do wykopu wsypano wodę o objętości 250cm3 , pobrano czas w sekundzie i zanotowano jej przenikanie do gleby. Próbę powtórzono czterokrotnie w każdym miejscu. Pojemność infiltracji "K" w każdym z miejsc została obliczona na podstawie formularza.

K = Q/A x t (Brady i Weil, 1999)

Gdzie;

K = wydajność infiltracji (cm/sec)

Q = Objętościowa ilość zużytej wody (cm3)

A = Powierzchnia przekroju poprzecznego gleby (cm2)

t = czas infiltracji wody (drugi)

Wyniki wydajności infiltracji porównano z klasami przewodności hydraulicznej (tabela 4 i 5).

Tabela 4: KLASY KONDUKTYWNOŚĆ HYDRAULICZNA

Przewodność hydrauliczna		
Klasa	**Mikrometry na sekundę. (um/s)**	**Centymetry na godzinę (cm/godz.)**
Bardzo szybki	Ponad 100	36
Rapid	10 – 100	3.6 – 36
Umiarkowany	1 – 10	0.36 – 3.6
Umiarkowanie powolny	0.1 – 1	0.036 – 0.36
Powoli	0.01 – 0.1	0.0036 – 0.036
Bardzo powoli	Mniej niż 0,01	Mniej niż 0,0036

Źródło: Foth, 1984

Uwaga: Mikrometr to 1 milionowa część metra lub $^{10-6}$ metrów. Mikrometr na sekundę pomnożony przez 0,36 równa się centymetrom na godzinę.

Tabela 5: HYDRAULICZNA WARTOŚĆ MATERIAŁÓW GLEBICZNYCH W PRZYPADKU SATURYZACJI.

K (m/s)	Gleba związana z zasięgiem	Wpływ na użytkowanie gruntów w rolnictwie
<10-7	Gleby o drobnej strukturze i słabo zagęszczonych glebach o średniej strukturze. Gleby o drobnoziarnistej strukturze i słabo zagęszczonych glebach o średniej strukturze.	Odwadnianie może być tak słabe, że ogranicza wykorzystanie terenu do płytko ukorzenionych roślin. W przypadku zalanego ryżu wymagane są ograniczone drenaże.
$^{10-7}$ do 10-4	Szeroki zakres gleb, w tym o drobnej strukturze ze stabilnymi kruszywami.	Użytkowanie gruntów pod uprawy, w tym pod nawadnianie, w dużej mierze mieści się w tym zakresie.
>10-4	Gleby o gruboziarnistej teksturze	Ta wysoka przewodność jest zazwyczaj związana ze słabą retencją wody. Stosowanie może być ograniczone do roślin głęboko zakorzenionych.

Źródło: Marshall i Holmes, 1988; Hillel, 1980.

3.2.2. Pobieranie próbek gleby

Technika losowego pobierania próbek została zastosowana w celu pobrania próbek gleby z sześciu (6) różnych miejsc w każdej zlewni. Do pobrania próbek gleby użyto ślimaka glebowego.

Próbki gleby złożonej pobierano na głębokości 0 - 30 cm, 30 - 60 cm i 60 - 90 cm w każdym miejscu. Próbki osuszono na powietrzu, odpowiednio spulchniono i delikatnie rozdrobniono. Próbki przesiewano na sicie 2,0 mm do analizy fizycznej i chemicznej.

W każdej zlewni pobrano osiemnaście próbek gleby na sezon mokry i suchy (3 próbki x 6 miejsc). W sumie zebrano 108 próbek gleby z trzech zlewni (18 x 3 zlewnie x 2 sezony).

3.2.3 Pobieranie próbek wody

Próbki wody były pobierane zarówno w porze mokrej, jak i suchej.

a. Próbka wody z rzeki:

Próbki wody z rzek pobrano z trzech (3) zlewni (Ambighir, Logo i Katsina-Ala). W każdej zlewni próbki wody pobierano w trzech różnych punktach, a mianowicie w górnym, środkowym i dolnym położeniu rzeki. Daje to łącznie dziewięć (9) punktów poboru oznaczonych następująco: AR1, AR2, AR3, LR1, LR2 LR3; KR1, KR2 i KR3. Gdzie AR, LR i KR oznaczają odpowiednio zlewnie Rzeki Ambighir, Logo i Katsina-Ala. Natomiast 1, 2 i 3 oznaczają odpowiednio górne, środkowe i dolne pozycje rzeki. Łącznie 18 próbek wód rzecznych dla sezonu mokrego i suchego (9 próbek x 2 sezony).

Próbki wody z rzeki pobierano pod powierzchnią wody za pomocą hermetycznych pojemników plastikowych, które przewieziono do laboratorium w celu natychmiastowej analizy próbek.

b. Pobieranie próbek wody ze studni:

Próbki wody ze studni zostały pobrane z trzech zlewni. W każdym z tych obszarów pobrano trzy (3) różne próbki wody za pomocą hermetycznych plastikowych pojemników, po tym jak studnie pracowały przez ponad 15 minut. Łącznie oznakowano 18 próbek (w porze deszczowej i suchej), które przewieziono do laboratorium w celu natychmiastowej analizy próbek.

3.3 Metody laboratoryjne

3.3.1 Skład mechaniczny gleby

Metodą hydrometryczną wyznaczono względny udział poszczególnych gleb na każdej głębokości. Wiązało się to z zawiesiną przesiewanych próbek gleby przy użyciu heksametafosforanu sodu jako środka dyspergującego. Pierwszy odczyt hydrometrem wykonano w ciągu 40 sekund, a drugi trzy godziny później. Następnie obliczono rozkład wielkości cząstek przy użyciu następujących wzorów:

(a) George Sand: 100 - [H1 + 0,2(T1 - 68) - 2,0]2

(b) Gliny: [H2 + 0,2 (T2 - 68) - 2,0]2

(c) Muł: 100 - [% piasku + % gliny)

Gdzie;

H1 = odczyt hydrometru przy 40 sekundach

T1 = Temperatura w ciągu 40 sekund

H2 = Odczyt hydrometru po 3 godzinach

T2 = Temperatura w ciągu 3 godzin

0,2 (T - 68) = Temp. poprawka dodawana do odczytu hydrometru i T jest w stopniu

Fahrenhert.

-2,0 = poprawka na sól, którą należy dodać do odczytu hydrometru.

(Bouyoucos, 1951; Gee i Bauder, 1986).

3.3.2. Analiza chemiczna gleby

(a) pH gleby

Do określenia pH gleby (zarówno aktywnego, jak i rezerwowego) zastosowano metodę elektrod szklanych. W zawiesinie glebowej 1:1 z wodą umieszczono pehametr w celu określenia kwasowości czynnej. W celu określenia kwasowości rezerwowej pozostawiono zawiesinę (gleba 1:2: 0,01m CaCl2) na trzydzieści minut i mieszano od czasu do czasu prętem szklanym. Do pomiaru rezerwowego pH wprowadzono elektrodę pehametru (Mclean, 1965; Black, 1965).

(b) Węgiel organiczny

Zawartość węgla organicznego w próbkach gleby oznaczono metodą Walkley and Black (1934), zmodyfikowaną przez Udo *et al.* (2009). Próbki gleby (1,25 g) zostały zmielone w celu przepuszczenia przez sito 0,5 mm zważone w dwóch egzemplarzach i przeniesione do kolby Erlenmeyera o pojemności 250 mL. Dziesięć (10) mL roztworu 1 N K2Cr2O7 pipetowano do każdej kolby i delikatnie mieszano w celu rozproszenia gleby. Stężony H2SO4 zmierzono w 20 mL i dodano do zawiesiny za pomocą pipety, delikatnie mieszać kolbę do momentu wymieszania gleby z odczynnikami, a następnie energiczniej wirować przez jedną minutę. Kolba została ponownie obrócona i pozostawiona na 30 minut. Dodano wodę destylowaną o pojemności 100 ml i pozostawiono na 30 minut. Dodano trzy (3) krople wskaźnika i miareczkowano 0,5 N roztworem siarczanu żelazawego, roztwór przyjmuje zielony odlew, a następnie zmienia kolor na ciemnozielony. W tym momencie siarczan żelazawy był dodawany kroplami, aż kolor zmieni się z niebieskiego na czerwony. W celu znormalizowania dichromianu wykonano ślepe miareczkowanie, a węgiel organiczny obliczono za pomocą równania 7. Procentową zawartość materii organicznej obliczono, mnożąc wartość węgla organicznego przez umowny współczynnik Van Bemmelena wynoszący 1,729 przy pomocy równania 8. Procentowy udział węgla organicznego obliczono, mnożąc go przez 10 w celu uzyskania gramów na kilogram (g/kg) (Udo *i in.*, 2009).

% Węgiel organiczny = N (V1 - V2) 0,3 f / W (7.................)

% Substancja organiczna w glebie = % O.C. x 1,729 (8.................)

N = Normalność roztworu siarczanu żelazawego

V1 = mL siarczanu amonu żelaza(II) wymaganego dla próby ślepej

V2 = mL siarczanu amonu żelaza(II) wymaganego dla próbki

W = masa próbki w gramach

F = współczynnik korygujący = 1,33.

(c) Przewodność elektryczna (EC)

Przewodność elektryczną próbek gleby mierzono za pomocą miernika przewodności elektrycznej w pastach 1:5 gleba/woda (Nelson i Sommer, 1982).

(d) Cation Exchange Capacity, CEC (Ca, Mg, k, Na)

Zdolność kationowymienna gleb została określona poprzez nasycenie gleby normalnym, obojętnym roztworem octanu amonu i przemycie nadmiaru amonu alkoholem. Próbki poddano następnie destylacji, a destylat otrzymano we wskaźniku 50 ml kwasu borowego i miareczkowano względem standardowego kwasu solnego (Chapman, 1965).

Podstawy ekstrakcyjne oznaczono za pomocą ekstraktu octanu amonu. Sód i potas oznaczono za pomocą fotometru płomieniowego. Wapń i magnez oznaczono przy użyciu spektrofotometru absorpcji atomowej (AAS) (Mclean, 1965).

(e) Azot całkowity

Azot całkowity oznaczono standardową metodą Makro-Kjeldahla (Black, 1965; Jackson 1962). Próbki trawiono kwasem tetraoksosiarczanowym

(vi) (H_2SO_4) po dodaniu nadmiaru sody kaustycznej. Wchłonięty H_2SO_4 został uwolniony w kwasie zasadowym (H_2BO_3) do miareczkowania 0,01NHCl.

(f) Dostępne Fosfory

Do oznaczania dostępnego fosforu zastosowano metodę Bray'a - I. Wiązało się to z odwirowaniem zawiesiny w glebie z prędkością 2000 obrotów na minutę (r.p.m.) przez 15 minut. Klarowny supernatant został następnie zmieszany z wodą destylowaną i roztworem molibdenianu amonu oraz wodą rozcieńczoną. Następnie zmierzono transmitancję procentową na elektrofotometrze przy długości fali 660 mm. Gęstość optyczną (O.D.) roztworu wzorcowego wykreślono w stosunku do fosforu P (ppm), a następnie obliczono ekstraktywne P gleby (Jackson, 1962).

(g) Procentowy udział wymienialnego sodu (ESP)

Za pomocą formularza obliczono wymienny procentowy udział sodu w koncentracji jonowej (w meq/100g) gleb;

$$ESP = \frac{\text{Wymienne } Na^{+} \text{ X } 100\%}{CEC}$$

(h) Nasycenie bazowe (BS)

Wartość nasycenia zasadowego gleb obliczono w procentach za pomocą formularza;

$$BS = \frac{\text{Razem podstawy wymienne}}{CEC} \text{ x } \frac{100}{1}$$

3.3.3. Analiza chemiczna wody

(a) pH wody

pH wody mierzono elektrycznie za pomocą pehametru z elektrodą szklaną (Mclean, 1965). Elektroda pehametru została włożona do bezpośredniego pomiaru pH w wodzie.

(b) Przewodność elektryczna (WE) ds/m

Pomiaru przewodności elektrycznej dokonano za pomocą miernika przewodności elektrycznej. Próbki wody zostały zmierzone bezpośrednio.

(c) CEC (Ca, Mg, K, Na) meq/l

Zdolność wymiany kationowej (CEC) wody oznaczano w następujący sposób: sód i potas oznaczano za pomocą fotometru płomieniowego, a wapń i magnez za pomocą spektrofotometru absorpcji atomowej (AAS) (Chapman, 1965; Mclean, 1965).

(d) Chlorek (Cl), Bor (B), Żelazo (Fe) Mangan (Mn)

Chlorek i bor zostały oznaczone za pomocą fotometru płomieniowego. Ekstraktywne Fe i Mn oznaczano za pomocą spektrofotometru absorpcji atomowej (AAS) (Chapman, 1965; Mclean, 1965; Randall *i in.*, 1967).

(e) Wodorowęglan (HCO3) meq/l

Wodorowęglan oznaczono metodą miareczkowania z użyciem naftaleiny i pomarańczy metylowej jako wskaźnika (Landon, 1991).

(f) Substancje stałe rozpuszczone ogółem (TDS) mg/l

Całkowite rozpuszczone substancje stałe w wodzie oznaczono metodą suszenia parowego (Chopra i Kanwar, 1991).

(g) Temperatura (^{0C})

Temperatura próbek wody została zmierzona w laboratorium. Do bezpośredniego pomiaru temperatury wody użyto termometru (rtęć w szkle).

(h) Współczynnik adsorpcji sodu (SAR) meq/l

Obliczono współczynnik adsorpcji sodu w celu określenia stężenia kationów w wodzie. (Richard, 1954).

$$SAR = \frac{Na^{+}}{\sqrt{\frac{Ca^{2+} + Mg^{2+}}{2}}}$$

Tabela 6: WYTYCZNE DOTYCZĄCE INTERPRETACJI JAKOŚCI WODY W ODNIESIENIU DO IRAGACJI

		Stopień ograniczenia stosowania		
Potencjalny problem z nawadnianiem	**Jednostka**	**Brak**	**Od lekkiego do umiarkowanego**	**Poważny**
Zasolenie				
ECw	ds/m	<0.7	0.7 – 3.0	>3.0
TDS	mg/l	<450	450 – 2000	>2000
Infiltracja				
SAR = 0 - 3 i ECw =		>0.7	0.7 – 0.2	<0.2
= 3 – 6		>1.2	1.2 – 0.3	<0.3
= 6 – 12		>1.9	1.9 – 0.5	<0.5
= 12 – 20		>2.9	2.9 – 1.3	<1.3
= 20 – 40		>5.0	5.0 – 2.9	<2.9
Szczególna toksyczność jonowa				
Sód (Na+)				
Nawadnianie	SAR	<3	3 – 9	>9
powierzchniowe	Ja/l	<3	>3	
Nawadnianie				
zraszaczami	Ja/l	<4	4 – 10	>10
Chlorek (Cl-)	Ja/l	<3	>3	
Nawadnianie	Mg/l	<0.7	0.7 – 3.0	>3.0
powierzchniowe				
Nawadnianie				

zraszaczami				
Bor (B)				
Skutki różne				
Azot (NO3 - N)	Mg/l	<5	5 – 30	>30
Wodorowęglan (HCO3)	Ja/l	<1.5	1.5 – 8.5	>8.5
Mangan (Mn) mg/L		<0.1	0.1 – 1.5	>1.5
Substancje stałe zawieszone mg/L		<50	50 – 100	>100
Żelazo (Fe) mg/L		<0.2	0.2 – 1.5	>1.5

Źródło: FAO, 1994; Hanson *et al.*, 1994 i Hassan, 1998.

Tabela 7: OZNACZENIA LABORATORYJNE POTRZEBY OCENYWANIA WSPÓLNOTOWYCH PROBLEMÓW JAKOŚCI WODY IRYGACYJNEJ

Parametr wody	**Symbol**	**Jednostka**	**Zwykły zasięg w wodzie do nawadniania**
SALINITY			
<u>**Zawartość soli**</u>			
Przewodność elektryczna	ECw	ds/m	0 - 3 ds/m
Substancje stałe rozpuszczone ogółem	TDS	mg/l	0 - 2000 mg/l
<u>**Kationy i Aniony**</u>			
Wapń	Ca++	ja/l	0 - 20 me/l
Magnez	Mg++	ja/l	0 - 5 me/l
Sód	Na+	ja/l	0 - 40 me/l
Węglan	CO3-[-]	ja/l	0 - .1 me/l
Wodorowęglan	HCO3-	ja/l	0 - 10 me/l
Chlorek	Cl-	ja/l	0 - 30 me/l
Siarczan	SO4-[-]	ja/l	0 - 20 me/l
NUTRIENCI			
Azotan - Azot	N03- N	mg/l	0 - 10 mg/l
Amoniak - Azot	NH4- N	mg/l	0 - 5 mg/l
Fosforan - Fosfor	PO4- P	mg/l	0 - 2 mg/l
Potas	K+	mg/l	0 - 2 mg/l
RÓŻNE			
Boron	B	Mg/l	0 - 2 mg/l
Kwasowość/podstawowość	pH	1 – 14	6.0 – 8.5
Stosunek adsorpcji sodu	SAR	(ja/l)	0 – 15

Źródło: FAO, 1994

4. WYNIKI

4.1. Jakość gleby

4.1.1 Skład mechaniczny gleby

Rozkład wielkości cząstek gleb Logo przedstawiono w tabeli 8. Lokalizacje te obejmują wioski Wende, Tse Agera, Gege, Tse Mafeega, Tse Aze i Zugu. Próbki z sześciu lokalizacji mają strukturę piaszczysto-gliniastą na głębokości 0 - 30, 30 - 60 i 60 - 90 cm. Udział piasku wahał się od 68 do 75%. Rozkład wielkości cząstek wskazuje na niewielki wzrost gliny wraz ze wzrostem głębokości.

Tabela 9 przedstawia rozkład wielkości cząstek w glebach Ambighiru. Wioski Ambighir, Kyuwen i Mkar mają strukturę piasku gliniastego na głębokości 0 - 30, 30 - 60 i 60 - 90. Procentowy udział piasku w tych glebach wynosi od 83 do 89%. Strukturę piaszczysto-gliniastą zaobserwowano we wsiach Mkovul, Kyase i Gatie. Udział piasku w tych miejscach wynosi od 66 do 75%, mułu od 8 do 12%, a gliny od 11 do 17%. Rozkład wielkości cząstek wykazuje niewielki wzrost gliny wraz ze wzrostem jej głębokości.

Tabela 10 przedstawia rozkład wielkości cząstek w glebach Katsina-Ala. Gleby w dolnym Benue Farm, Ugbema i Tomattan mają strukturę piaszczysto-gliniastą na głębokości 0 - 30, 30 - 60 i 60 - 90 cm. Udział piasku wynosił od 72 do 78%, mułu od 11 do 14%, a gliny od 11 do 15%. Hausa Quarters, College of Education (COE)/Abaver i wioski Aketa miały strukturę piasku gliniastego. Udział piasku wynosił od 79 do 86%, mułu od 8 do 13%, a gliny od 6 do 9%.

Tabela 8: MECHANICZNY KOMPONENT GLEBY LOGO

Lokalizacja	Próbka	Głębokość (cm)	Rozkład wielkości cząsteczek (%)			Klasa teksturalna (USDA)
			George Sand	Muł	Glina	
Wende	A1	0 – 30	70.0	18.0	12.0	Sandy Loam
	A2	30 – 60	70.0	17.0	13.0	Sandy Loam
	A3	60 – 90	68.0	15.0	17.0	Sandy Loam
Tse Agera	B1	0 – 30	72.0	20.0	8.0	Sandy Loam
	B2	30 – 60	71.0	18.0	11.0	Sandy Loam
	B3	60 – 90	71.0	17.0	12.0	Sandy Loam
Gege	C1	0 – 30	69.0	20.0	11.0	Sandy Loam
	C2	30 – 60	69.0	19.0	12.0	Sandy Loam
	C3	60 – 90	68.0	17.0	15.0	Sandy Loam
Tse Mafeega	D1	0 – 30	75.0	17.0	13.0	Sandy Loam
	D2	30 – 60	73.0	17.0	14.0	Sandy Loam
	D3	60 – 90	73.0	17.0	14.0	Sandy Loam

Tse Aze	E1	0 – 30	76.0	15.0	9.0	Sandy Loam
	E2	30 – 60	74.0	14.0	10.0	Sandy Loam
	E3	60 – 90	71.0	14.0	15.0	Sandy Loam
Zugu	F1	0 – 30	70.0	20.0	10.0	Sandy Loam
	F2	30 – 60	68.0	17.0	15.0	Sandy Loam
	F3	60 – 90	68.0	17.0	15.0	Sandy Loam

Tabela 9: MECHANICZNY KOMPONENT GLEBÓW AMBIGHIRA

Lokaliza cja	Pr ób ka	Głębo kość (cm)	Rozkład wielkości cząsteczek (%)			Klasa teksturalna (USDA)
			Geo rge San d	M uł	Glin a	
Ambighir	G1	0 – 30	86.0	6.0	8.0	Piasek gliniasty
	G2	30 – 60	85.0	7.0	8.0	Piasek gliniasty
	G3	60 – 90	83.0	7.0	10.0	Piasek gliniasty
Kyuwen	I1	0 – 30	89.0	7.0	4.0	Piasek gliniasty
	I2	30 – 60	88.0	8.0	4.0	Piasek gliniasty
	I3	60 – 90	86.0	8.0	6.0	Piasek gliniasty
Mkar	J1	0 – 30	87.0	8.0	5.0	Piasek gliniasty
	J2	30 – 60	85.0	9.0	6.0	Piasek gliniasty
	J3	60 – 90	83.0	10.0	7.0	Piasek gliniasty
Mkovul	K1	0 – 30	70.0	20.0	10.0	Sandy Loam
	K2	30 – 60	68.0	21.0	11.0	Sandy Loam
	K3	60 – 90	66.0	21.0	13.0	Sandy Loam
Kyase	L1	0 – 30	76.0	8.0	16.0	Sandy Loam
	L2	30 – 60	75.0	8.0	17.0	Sandy Loam
	L3	60 – 90	73.0	10.0	17.0	Sandy Loam

Gatie	M1	0 – 30	70.0	18.0	12.0	Sandy Loam
	M2	30 – 60	69.0	19.0	12.0	Sandy Loam
	M3	60 – 90	66.0	19.0	15.0	Sandy Loam

Tabela 10: MECHANICZNY KOMPONENT GLEBY KATSINA-ALA

Lokalizacja	**Próbka**	**Głębokość (cm)**	**Rozkład wielkości cząsteczek (%)**			**Klasa teksturalna (USDA)**
			George Sand	**Muł**	**Glina**	
Farma Lower Benue	N1	0 – 30	78.0	12.0	10.0	Sandy Loam
	N2	30 – 60	75.0	14.0	11.0	Sandy Loam
	N3	60 – 90	74.0	14.0	12.0	Sandy Loam
Ugbema	U1	0 – 30	78.0	12.0	10.0	Sandy Loam
	U2	30 – 60	76.0	14.0	12.0	Sandy Loam
	U3	60 – 90	75.0	14.0	13.0	Sandy Loam
Tomataan	T1	0 – 30	74.0	11.0	15.0	Sandy Loam
	T2	30 – 60	74.0	12.0	14.0	Sandy Loam
	T3	60 – 90	72.0	13.0	15.0	Sandy Loam
Dzielnice Hausa	H1	0 – 30	80.0	12.0	8.0	Piasek gliniasty
	H2	30 – 60	80.0	11.0	9.0	Piasek gliniasty
	H3	60 – 90	79.0	13.0	8.0	Piasek gliniasty

COE (Abaver)	Y1	0 – 30	84.0	10.0	6.0	Piasek gliniasty
	Y2	30 – 60	83.0	11.0	6.0	Piasek gliniasty
	Y3	60 – 90	81.0	10.0	9.0	Piasek gliniasty
AketaVillage	V1	0 – 30	86.0	8.0	6.0	Piasek gliniasty
	V2	30 – 60	85.0	9.0	6.0	Piasek gliniasty
	V3	60 – 90	83.0	10.0	7.0	Piasek gliniasty

4.1.2 Zdolność infiltracyjna

Tabele 11, 12 i 13 przedstawiają wyniki testów wydajności infiltracji przeprowadzonych odpowiednio w Logo, Ambighir i Katsina-Ala. Wartości wydajności infiltracji mieszczą się w zakresie odpowiednim dla upraw i nawadniania (Marshall i Holmes, 1988) (tabela 5).

Obszar zlewni Logo rzeki wykazuje wysokie wartości wydajności infiltracji od 9,56 x 10-3 cm/s do 1,04 x 10-2 cm/s (34,4 cm/godz. do 37,4 cm/godz.).

Obszary zlewni mają wysokie wartości wydajności infiltracji od 1,53 x 10-2 do 5,32 x 10-2 cm/s (55,1 do 191,5 cm/godz.).

Obszary zlewni Katsina-Ala mają wysokie wartości wydajności infiltracji od 1,05 x 10-2 do 1,81 x 10-2 cm/s (37,7 do 65,2 cm/godz.).

Tabela 11: MOŻLIWOŚCI INFILTRACYJNE (K) W OBSZARZE ZATRZYMANIA RIVER LOGO

Lokalizacja	K (cm/s)	Wpływ na użytkowanie gruntów w ramach Agric. (Marshall i Holmes, 1988)
Wende	0.00992	Szeroki asortyment dla upraw/ nawadniania
Tse Agera	0.00995	Szeroki asortyment dla upraw/ nawadniania
Gege	0.00956	Szeroki asortyment dla upraw/ nawadniania
Tse Mafeega	0.0104	Szeroki asortyment dla upraw/ nawadniania
Tse Aze	0.0102	Szeroki asortyment dla upraw/ nawadniania
Zugu	0.00979	Szeroki asortyment dla upraw/ nawadniania

Tabela 12: MOŻLIWOŚCI INFILTRACYJNE (K) W OBSZARZE ŁADUNKOWYM RIVER AMBIGHIR

Lokalizacja	K (cm/s)	Wpływ na użytkowanie gruntów w ramach Agric. (Marshall i Holmes, 1988)
Ambighir	0.0532	Szeroki asortyment dla upraw/ nawadniania
Kyuwen	0.0472	Szeroki asortyment dla upraw/ nawadniania
Mkar	0.0481	Szeroki asortyment dla upraw/ nawadniania
Mkovul	0.0157	Szeroki asortyment dla upraw/ nawadniania
Kyase	0.0153	Szeroki asortyment dla upraw/ nawadniania
Gatie	0.0156	Szeroki asortyment dla upraw/ nawadniania

Tabela 13: MOŻLIWOŚCI INFILTRACYJNE (K) W OBSZARZE ŁADUNKOWY RIVER KATSINA-ALA

Lokalizacja	K (cm/s)	Wpływ na użytkowanie gruntów w ramach Agric. (Marshall i Holmes, 1988)
Gospodarstwo Dolnego Benue	0.0150	Szeroki asortyment dla upraw/ nawadniania
Ugbema	0.0153	Szeroki asortyment dla upraw/ nawadniania
Tomataan	0.0105	Szeroki asortyment dla upraw/ nawadniania
Hausa Qtrs	0.0166	Szeroki asortyment dla upraw/ nawadniania
COE (Abaver)	0.0175	Szeroki asortyment dla upraw/ nawadniania
Aketa	0.0181	Szeroki asortyment dla upraw/ nawadniania

4.1.3 Analiza chemiczna gleby

Właściwości chemiczne gleb badanych obszarów przedstawiono w tabelach 14, 15; 16, 17; 18, 19; odpowiednio dla Logo, Ambighir i Katsina-Ala. Analizy przeprowadzono zarówno dla pory wilgotnej, jak i suchej. Wyniki badań składu chemicznego gleb na głębokościach 0 - 30, 30 - 60 i 60 - 90 cm wskazują, że stężenie składników mineralnych zmniejsza się wraz ze wzrostem głębokości.

Gleba w zlewniach Logo, Ambighir i Katsina-Ala była na ogół lekko kwaśna (pH: 5,3-6,9) w porze wilgotnej (tabele 14, 16, 18) i lekko alkaliczna (pH: 7,1-7,8) w porze suchej (tabele 15, 17, 19). Zawartość materii organicznej w zlewniach wahała się od 0,76% w glebach Katsina-Ala (tab. 18) do 4,16% (tab. 19).

Zawartość azotu całkowitego w glebach wahała się od 0,11 mg/kg w glebach Logo (tabela 14) do 0,66 mg/kg w glebach obszarów badawczych Katsina-Ala (tabela 19).

Wartości siarki w glebach wahały się od 0,1 mg/kg w glebach Ambighiru (tabela 17) do 0,72 mg/kg w glebach Logo (tabela 15). Dostępne zawartości fosforu w glebach wynosiły od 0,19 mg/kg do 4,0 mg/kg w glebach objętych logo (tabela 14-19).

Wartości wapnia wahały się od 1,80 Cmol/kg w glebach Logo do 4,20 Cmol/kg (Tabela 14-19).

Wartości magnezu wahały się od 1,04 Cmol/kg w glebach z Logo do 2,90 Cmol/kg (tabela 14-19).

Wartości potasu wahają się od 0,11 Cmol/kg w glebach Ambighiru do 1,28 Cmol/kg (tab. 14-19).

Wartości sodu wahały się od 0,04 Cmol/kg w glebach Logo do 0,18 Cmol/kg w glebach Ambighiru (tab. 14-19).

Wydajność wymiany kationowej CEC jest umiarkowana we wszystkich glebach badanych obszarów i mieści się w zakresie od 3,09 Cmol/kg (tabela 18) do 8,50 Cmol/kg (tabela 15). Udział procentowy wymiennego sodu (ESP) wahał się od zaledwie 0,7% (Tablica 14) do 3,3% (Tablica 15).

Nasycenie podstawowe (BS) gleb badanych obszarów jest na ogół wysokie i wynosi od 91 do 97% (tabela 14-19).

Przewodność elektryczna (EC) gleb w trzech obszarach zlewni wynosiła od 0,04ds/m (tabela 14) do 0,25ds/m (tabela 17).

Ogólnie rzecz biorąc, stężenia składników mineralnych gleby w porze suchej (tabele 15, 17 i 19) były wyższe niż w porze mokrej (tabele 15, 16 i 18). Wynikać to mogło z szybkiego tempa rozkładu materii organicznej, który powodował spadek jej zawartości, nadmiernego wypłukiwania składników pokarmowych w dół profilu glebowego, usuwania plonów, spływu i erozji w okresie deszczowym.

Tabela 14 WŁAŚCIWOŚCI CHEMICZNE GLEB W LOGO (Sezon mokry)

Lokalizacja	Próbka	Głębokość	pH		OC	N	S	P	Ca	Mg	K	Na	Fe	Al	CEC	ESP	BS	EC25
		(cm)	H20	CaCl2	(%)	(mg/kg)			(Cmol/kg)							(%)	(%)	(ds/m)
Wende	A1	0 – 30	6.8	6.30	2.2	0.2	0.2	3.5	2.6	1.4	0.2	0.1	0.6	0.4	4.7	2.1	92	0.04
	A2	30 – 60	0	6.10	0	8	3	0	0	0	1	0	0	0	1	2.1	91	0.07
	A3	60 – 90	6.6	6.00	1.9	0.2	0.2	3.6	2.3	1.3	0.2	0.0	0.6	0.4	4.3	1.1	92	0.04
			0		0	7	3	0	0	0	3	9	0	0	2			
			6.4		0.7	0.1	0.1	2.7	2.0	1.1	0.1	0.0	0.4	0.3	3.6			
			0		0	2	4	0	0	0	9	4	0	0	3			
Tse	B1	0 – 30	6.9	6.70	3.1	0.4	0.3	3.5	3.2	1.6	0.2	0.1	0.6	0.3	5.5	1.9	94	0.05
Agera	B2	30 – 60	0	6.60	0	0	6	0	0	0	8	1	0	3	3	2.3	94	0.09
	B3	60 – 90	6.9	6.40	2.0	0.2	0.2	2.8	2.8	1.4	0.2	0.1	0.4	0.2	4.7	1.4	97	0.07
			0		0	0	9	0	0	0	1	1	2	7	9			
			6.8		0.9	0.1	0.2	1.9	3.0	1.5	0.1	0.0	0.2	0.1	4.8			
			0		1	0	1	0	0	0	8	7	2	4	9			
Gege	C1	0 – 30	5.8	5.30	1.8	0.2	0.2	2.6	2.0	1.2	0.1	0.0	0.2	0.1	3.5	1.7	95	0.16
	C2	30 – 60	0	5.80	3	0	1	0	0	0	8	6	7	9	3	1.6	95	0.09
	C3	60 – 90	6.2	5.50	1.8	0.2	0.2	2.2	1.8	1.0	0.1	0.0	0.2	0.1	3.2	1.6	97	0.05
			0		0	1	0	0	0	4	6	5	6	5	0			
			5.6		0.6	0.1	0.1	1.2	1.8	1.0	0.1	0.0	0.2	0.1	3.1			
			0		3	8	7	0	0	3	6	5	0	0	4			

Tse	D1	0 – 30	6.9	6.50	2.1	0.2	0.2	3.3	2.7	1.7	0.2	0.0	0.5	0.3	5.0	1.6	94	0.06
Mafeega	D2	30 – 60	0	6.41	0	8	1	0	0	0	2	8	0	0	0	1.2	95	0.05
	D3	60 – 90	6.7	6.31	1.1	0.2	0.2	3.0	2.3	1.4	0.2	0.0	0.3	0.2	4.1	1.0	98	0.05
			1		7	5	1	0	0	0	0	5	0	1	6			
			6.6		0.9	0.1	0.1	1.3	2.3	1.3	0.0	0.0	0.1	0.0	3.9			
			2		0	2	6	0	0	9	9	4	2	8	0			
Tse Aze	E1	0 – 30	5.9	5.50	2.3	0.5	0.3	3.6	3.3	2.1	0.3	0.0	0.5	0.4	6.1	0.8	94	0.12
	E2	30 – 60	0	5.30	0	4	5	0	0	0	1	5	9	0	6	0.7	94	0.09
	E3	60 – 90	5.7	5.30	2.0	0.4	0.3	3.1	2.9	1.9	0.2	0.0	0.4	0.3	5.3	0.8	93	0.10
			0		0	7	0	0	0	0	3	4	3	2	9			
			5.7		0.9	0.1	0.2	2.1	2.6	1.5	0.2	0.0	0.4	0.3	4.7			
			0		2	6	3	0	0	9	0	4	0	2	5			
Zugu	F1	0 – 30	6.6	6.20	2.2	0.2	0.2	3.4	2.5	1.3	0.1	0.0	0.4	0.3	4.4	2.0	93	0.13
	F2	30 – 60	0	6.01	0	7	4	8	0	0	9	9	5	3	1	2.3	92	0.09
	F3	60 – 90	6.4	5.80	1.8	0.2	0.2	2.8	2.2	1.2	0.1	0.0	0.4	0.3	3.9	1.8	94	0.05
			0		0	2	1	1	0	0	6	9	5	0	5			
			6.3		0.6	0.1	0.1	2.0	2.2	1.2	0.1	0.0	0.3	0.2	3.8			
			5		1	8	8	0	0	1	6	7	6	5	9			

Tabela 15 CHEMICZNE WŁAŚCIWOŚCI GLEBY W LOGO (Sezon suchy)

Lokalizacja	Próbka	Głębokość	pH		OC	N	S	P	Ca	Mg	K	Na	Fe	Al	CEC	ESP	BS	EC25
		(cm)	H20	CaCl2	(%)	(mg/kg)			(Cmol/kg)							(%)	(%)	(ds/m)
Wende	A1	0 – 30	7.4	6.90	3.3	0.3	0.4	3.7	2.9	1.7	0.7	0.1	0.6	0.4	5.9	2.5	93	0.22
	A2	30 – 60	0	6.90	0	0	0	0	0	2	2	5	1	3	2	3.1	92	0.20
	A3	60 – 90	7.4	6.30	2.7	0.2	0.3	3.6	2.5	1.3	0.4	0.1	0.6	0.4	4.8	2.8	92	0.16
			0		0	9	0	2	0	9	4	5	2	1	9			
			7.1		1.0	0.1	0.2	3.0	2.3	1.2	0.2	0.1	0.5	0.3	4.2			
			0		0	5	0	0	0	3	8	2	1	2	5			
Tse Agera	B1	0 – 30	7.5	7.05	3.7	0.6	0.5	3.9	3.3	2.0	0.7	0.1	0.7	0.4	6.6	2.4	94	0.14
	B2	30 – 60	0	6.90	0	3	1	0	9	0	0	6	1	0	5	2.6	94	0.15
	B3	60 – 90	7.3	6.60	2.8	0.4	0.3	3.0	2.9	1.6	0.4	0.1	0.5	0.3	5.3	2.4	94	0.17
			0		0	3	8	0	0	0	0	4	1	5	9			
			7.1		0.9	0.2	0.2	2.1	2.9	1.6	0.2	0.1	0.2	0.3	5.1			
			0		7	0	4	0	0	0	6	3	8	0	9			

Gege	C1 C2 C3	0 – 30 30 – 60 60 – 90	7.7 5 7.5 0 7.2 0	7.05 6.95 6.80	3.4 0 2.2 9 0.9 0	0.7 0 0.3 0 0.2 2	0.5 3 0.2 8 0.2 7	3.7 0 3.0 0 2.2 0	3.2 8 3.0 0 2.6 9	1.7 1 1.1 3 1.1 2	0.6 3 0.4 0 0.2 1	0.1 6 0.1 6 0.1 1	0.4 0 0.2 3 0.2 3	0.3 4 0.1 7 0.1 4	6.1 2 4.8 6 4.2 7	2.6 3.3 2.6	94 97 97	0.24 0.18 0.09
Tse Mafeega	D1 D2 D3	0 – 30 30 – 60 60 – 90	7.4 0 7.5 0 7.3 0	7.05 7.10 6.90	3.0 0 2.2 0 1.0 0	0.5 3 0.5 1 0.2 6	0.7 2 0.6 9 0.4 1	3.9 0 3.0 9 2.0 0	3.3 5 2.9 1 2.7 0	2.0 0 1.7 2 1.5 0	0.7 1 0.6 0 0.4 0	0.1 5 0.1 4 0.1 0	0.6 8 0.5 2 0.4 1	0.4 7 0.3 0 0.1 0	6.6 8 5.6 7 4.8 0	2.2 2.5 2.1	93 95 98	0.20 0.20 0.14
Tse Aze	E1 E2 E3	0 – 30 30 – 60 60 – 90	7.7 0 7.5 0 7.2 0	7.25 7.10 6.80	3.1 0 2.8 1 1.1 0	1.0 0 0.7 2 0.3 0	0.5 6 0.4 6 0.3 1	4.0 1 3.9 0 2.8 0	4.2 0 3.8 1 2.9 0	2.9 0 2.3 0 1.8 0	0.8 3 0.6 1 0.4 0	0.1 2 0.0 9 0.0 7	0.6 5 0.6 0 0.4 5	0.4 5 0.4 0 0.3 8	8.5 0 7.2 1 5.5 5	1.4 1.2 1.3	95 94 93	0.21 0.19 0.19
Zugu	F1 F2 F3	0 – 30 30 – 60 60 – 90	7.3 0 7.1 0 7.0 5	6.90 6.70 6.65	3.0 5 2.7 0 1.0 0	0.7 0 0.5 0 0.3 1	0.6 0 0.4 0 0.2 3	4.0 0 3.0 0 2.1 6	3.9 3 3.0 2 2.7 0	1.9 0 1.6 0 1.5 0	0.5 5 0.3 0 0.3 0	0.1 0 0.1 0 0.0 9	0.6 1 0.4 0 0.3 6	0.4 0 0.3 5 0.2 7	6.8 8 5.3 7 4.8 6	1.5 1.9 1.9	94 93 94	0.16 0.21 0.18

Tabela 16 CHEMICZNE WŁAŚCIWOŚCI GLEBY W AMBIGHIRZE (Sezon mokry)

Lokalizacja	Próbka	Głębokość	pH		OC	N	S	P	Ca	Mg	K	Na	Fe	Al	CEC	ESP	BS	EC25
		(cm)	H20	CaCl2	(%)	(mg/kg)			(Cmol/kg)							(%)	(%)	(ds/m)
Ambighir	G1	0 – 30	5.7	5.60	3.8	0.4	0.1	2.2	2.0	1.3	0.1	0.0	0.3	0.3	4.0	1.7	93	0.12
	G2	30 – 60	0	5.50	0	3	1	8	2.3	0	9	7	3	0	6	2.8	94	0.13
	G3	60 – 90	5.6	5.50	3.5	0.4	0.1	2.2	6	1.0	0.1	0.1	0.3	0.2	3.9	1.5	95	0.09
			0		0	1	1	0	2.1	1	8	1	3	4	0			
			5.6		1.2	0.2	0.0	1.2	4	0.8	0.1	0.0	0.5	0.1	3.3			
			0		1	2	7	0		8	5	5	1	6	8			
Kyuwen	I1	0 – 30	6.9	6.60	3.4	0.4	0.1	0.2	2.4	1.3	0.2	0.1	0.4	0.3	4.4	2.5	92	0.11
	I2	30 – 60	0	6.58	0	4	2	9	0	5	1	1	2	7	4	2.6	94	0.11
	I3	60 – 90	6.9	6.10	3.0	0.3	0.1	0.2	2.7	1.3	0.2	0.1	0.4	0.2	4.6	1.7	95	0.09
			0		0	9	2	9	2	7	2	2	3	6	9			
			6.5		1.1	0.2	0.0	0.1	2.3	1.3	0.1	0.	0.4	0.2	4.0			
			0		0	3	7	9	2	0	8	07	8	0	7			
Mkar	J1	0 – 30	6.9	6.50	3.4	0.4	0.1	0.2	2.4	1.3	0.2	0.1	0.3	0.3	4.4	2.3	92	0.12
	J2	30 – 60	0	6.40	7	4	1	8	1	5	0	0	9	7	3	2.5	93	0.13
	J3	60 – 90	6.7	6.10	3.2	0.4	0.1	0.2	2.3	1.3	0.2	0.1	0.4	0.3	4.3	2.1	94	0.10
			0		1	1	2	6	9	4	0	1	1	0	4			
			6.6		0.8	0.2	0.0	0.2	2.1	1.1	0.1	0.0	0.4	0.2	3.7			
			0		2	7	9	0	8	1	3	8	4	3	3			

Mkovul	K1	0 – 30	5.8	5.60	4.0	0.4	0.3	1.7	2.4	1.5	0.2	0.1	0.2	0.3	4.6	2.6	93	0.15
	K2	30 – 60	0	5.50	0	2	4	5	0	0	8	2	8	0	0	2.0	94	0.13
	K3	60 – 90	5.7	5.50	3.3	0.4	0.3	1.7	2.4	1.4	0.2	0.0	0.2	0.2	4.5	1.2	95	0.11
			0		6	0	0	3	0	9	7	9	1	7	2			
			5.7		1.0	0.2	0.2	1.6	2.1	1.4	0.2	0.0	0.2	0.1	4.0			
			0		4	8	7	4	2	1	6	5	5	9	3			
Kyase	L1	0 – 30	6.9	6.70	3.3	0.3	0.3	1.6	2.4	0.2	0.1	0.0	0.2	0.2	3.1	1.3	93	0.07
	L2	30 – 60	0	6.40	0	5	2	6	0	6	7	4	7	4	1	1.3	95	0.07
	L3	60 – 90	6.8	6.10	3.3	0.3	0.3	1.6	3.2	0.3	0.1	0.0	0.2	0.2	3.9	0.9	95	0.06
			0		0	4	4	5	0	2	8	5	5	0	5			
			6.6		0.9	0.2	0.3	1.6	3.4	0.3	0.1	0.0	0.2	0.2	4.1			
			0		2	6	0	0	0	8	6	4	8	0	0			
Gatie	M1	0 – 30	6.8	6.50	3.3	0.4	0.3	1.7	3.6	0.3	0.1	0.1	0.1	0.2	4.4	2.7	94	0.12
	M2	30 – 60	0	6.40	4	2	1	0	0	7	3	2	5	6	8	1.5	93	0.07
	M3	60 – 90	6.7	6.00	3.3	0.3	0.3	1.7	2.6	0.2	0.1	0.0	0.1	0.2	3.2	1.8	94	0.05
			0		0	8	0	0	0	4	1	5	2	3	3			
			6.3		0.8	0.2	0.2	1.5	2.6	0.2	0.0	0.0	0.1	0.2	3.2			
			0		9	1	7	0	0	3	9	6	2	1	6			

Tabela 17 CHEMICZNE WŁAŚCIWOŚCI GLEBY W AMBIGHIRZE (Sezon suchy)

Lokalizacja	Próbka	Głębokość	pH		OC	N	S	P	Ca	Mg	K	Na	Fe	Al	CEC	ESP	BS	EC25
		(cm)	H2O	CaCl2	(%)	(mg/kg)			(Cmol/kg)							(%)	(%)	(ds/m)
Ambighir	G1	0 – 30	7.20	6.80	3.90	0.43	0.17	2.43	4.12	1.80	1.28	0.16	0.41	0.35	7.71	2.1	95	0.21
	G2	30 – 60	7.10	6.70	3.50	0.45	0.17	2.20	3.04	1.55	0.93	0.18	0.41	0.29	5.99	3.0	95	0.25
	G3	60 – 90	7.10	6.65	1.26	0.31	0.10	1.16	2.14	0.91	0.40	0.07	0.60	0.28	3.80	1.8	93	0.12
Kyuwen	I1	0 – 30	7.45	6.75	3.42	0.40	0.19	1.15	3.18	1.73	0.76	0.16	0.48	0.39	6.22	2.6	94	0.18
	I2	30 – 60	7.40	6.90	3.08	0.40	0.20	1.15	3.04	1.70	0.66	0.17	0.48	0.41	5.98	2.8	93	0.19
	I3	60 – 90	7.15	6.60	1.20	0.27	0.13	1.12	2.71	1.42	0.57	0.08	0.52	0.41	5.19	1.5	92	0.12
Mkar	J1	0 – 30	7.60	7.20	3.05	0.50	0.34	0.34	3.33	1.50	0.29	0.14	0.39	0.38	5.64	2.7	93	0.11
	J2	30 – 60	7.55	7.05	3.00	0.50	0.28	0.31	3.30	1.49	0.27	0.13	0.39	0.37	5.56	2.3	93	0.09
	J3	60 – 90	7.20	6.90	0.90	0.32	0.16	0.29	2.69	1.21	0.20	0.10	0.50	0.26	4.46	2.2	94	0.09

Mkovul	K1	0 – 30	7.3	7.10	4.2	0.4	0.4	2.0	2.9	1.6	0.5	0.1	0.3	0.3	5.5	2.2	94	0.17
	K2	30 – 60	0	6.95	0	9	2	5	8	0	4	2	7	1	5	2.0	94	0.10
	K3	60 – 90	7.2	6.90	3.7	0.4	0.4	2.0	2.9	1.6	0.5	0.1	0.3	0.3	5.4	1.7	95	0.07
			0		0	9	1	0	2	0	1	1	7	2	6			
			7.2		1.1	0.3	0.3	1.8	2.6	1.5	0.2	0.0	0.3	0.2	4.8			
			0		3	6	8	7	9	0	8	8	8	5	0			
Kyase	L1	0 – 30	7.7	7.05	4.0	0.3	0.4	2.1	2.8	1.7	1.3	0.1	0.2	0.2	7.3	2.2	96	0.20
	L2	30 – 60	5	7.30	6	8	5	5	5	0	4	6	9	8	3	1.9	96	0.13
	L3	60 – 90	7.6	7.15	2.5	0.3	0.4	2.0	3.8	1.7	1.3	0.1	0.2	0.2	7.2	1.9	96	0.11
			0		8	7	5	5	5	1	3	4	9	6	9			
			7.4		0.9	0.2	0.3	1.8	3.6	1.1	1.1	0.1	0.3	0.2	6.2			
			0		7	9	9	5	0	3	2	2	4	7	4			
Gatie	M1	0 – 30	7.5	7.20	3.8	0.4	0.4	2.0	4.0	2.0	1.2	0.1	0.1	0.2	7.7	1.7	96	0.15
	M2	30 – 60	0	6.90	6	6	1	0	7	1	7	3	7	8	6	1.3	96	0.13
	M3	60 – 90	7.3	6.75	2.7	0.4	0.3	1.9	3.1	1.9	1.2	0.0	0.1	0.2	6.7	1.6	95	0.06
			0		6	3	7	8	4	9	7	9	4	8	7			
			7.1		0.9	0.3	0.2	1.7	2.7	1.0	0.1	0.0	0.1	0.2	4.3			
			0		5	1	8	3	5	8	8	7	6	2	0			

Tabela 18 CHEMICZNE WŁAŚCIWOŚCI GLEB W KATSINIE-ALA (Sezon mokry)

Lokalizacja	Próbka	Głębokość	pH		OC	N	S	P	Ca	Mg	K	Na	Fe	Al	CEC	ESP	BS	EC25
		(cm)	H20	CaCl2	(%)	(mg/kg)			(Cmol/kg)							(%)	(%)	(ds/m)
Farma	N1	0 – 30	5.8	5.40	4.0	0.5	0.3	3.5	2.2	1.1	0.2	0.1	0.4	0.3	4.0	2.7	91	0.15
Lower	N2	30 – 60	0	5.30	0	6	6	0	0	0	5	1	2	6	2	3.1	92	0.15
Benue	N3	60 – 90	5.6	5.30	3.6	0.5	0.3	3.1	2.2	1.0	0.2	0.1	0.3	0.3	3.8	1.8	91	0.13
			0		0	4	6	0	0	0	3	2	7	1	6			
			5.6		1.1	0.2	0.2	2.2	2.0	0.8	0.1	0.0	0.4	0.3	3.3			
			0		6	1	7	2	0	1	7	6	3	1	5			
Ugbema	U1	0 – 30	6.8	6.40	4.1	0.5	0.3	3.5	2.2	1.2	0.2	0.1	0.3	0.4	4.3	3.2	91	0.15
	U2	30 – 60	0	6.10	5	8	7	0	9	4	7	4	9	0	4	3.2	91	0.13
	U3	60 – 90	6.6	6.05	3.8	0.5	0.3	3.2	2.2	1.1	0.2	0.1	0.4	0.3	4.1	1.4	94	0.09
			0		3	5	6	6	4	2	7	3	1	5	1			
			6.4		1.0	0.3	0.2	2.3	2.0	0.9	0.1	0.0	0.4	0.3	3.6			
			5		6	3	9	1	8	7	9	5	0	2	1			

Tomataan	T1 T2 T3	0 – 30 30 – 60 60 – 90	5.9 0 5.7 5 5.5 0	5.55 5.40 5.20	3.6 7 2.7 0 1.0 7	0.4 8 0.4 8 0.2 3	0.2 8 0.2 7 0.1 6	3.6 2 2.6 0 1.3 0	3.0 0 2.8 1 2.6 2	1.4 4 1.3 1 1.0 4	0.2 7 0.2 3 0.2 0	0.0 5 0.0 6 0.0 4	0.3 1 0.2 5 0.3 6	0.2 8 0.2 8 0.2 9	5.0 4 4.6 9 4.1 9	0.9 1.3 0.9	94 94 93	0.12 0.08 0.05
Dzielnice Hausa	H1 H2 H3	0 – 30 30 – 60 60 – 90	6.6 0 6.4 0 6.3 0	6.20 6.10 6.00	4.0 0 3.6 0 0.8 6	0.5 0 0.4 0 0.2 0	0.3 0 0.2 8 0.2 9	3.3 2 2.3 0 1.4 4	2.9 0 2.7 0 2.7 0	1.5 0 1.2 0 0.8 1	0.1 9 0.2 3 0.1 7	0.0 7 0.0 7 0.0 4	0.4 5 0.3 9 0.4 0	0.3 2 0.3 1 0.2 9	4.9 8 4.5 1 4.0 1	1.4 1.6 0.9	94 94 93	0.15 0.13 0.05
COE (Abaver)	Y1 Y2 Y3	0 – 30 30 – 60 60 – 90	6.7 0 6.5 0 6.3 0	6.40 6.20 6.10	2.9 2 1.5 4 0.9 6	0.4 4 0.4 5 0.4 0	0.2 8 0.2 7 0.2 9	2.4 3 2.3 1 2.0 3	3.6 0 2.6 0 2.6 0	0.3 7 0.2 4 0.2 3	0.0 9 0.0 3 0.0 4	0.0 5 0.0 6 0.0 6	0.2 3 0.2 5 0.2 9	0.2 7 0.2 2 0.1 6	4.3 8 3.1 5 3.0 9	1.1 1.9 1.9	94 93 95	0.07 0.06 0.05
Aketa Village	V1 V2 V3	0 – 30 30 – 60 60 – 90	6.8 0 6.7 0 6.4 0	6.50 6.40 6.10	2.8 0 1.9 3 0.9 6	0.4 0 0.3 6 0.2 3	0.2 7 0.2 8 0.1 8	3.0 0 2.6 0 2.0 0	2.4 0 2.2 9 2.2 8	1.1 0 1.1 2 1.0 4	0.2 6 0.2 3 0.1 6	0.0 9 0.0 7 0.0 5	0.3 5 0.3 2 0.3 6	0.3 0 0.2 5 0.2 1	4.1 5 3.9 6 3.7 4	2.2 1.8 1.3	93 94 94	0.07 0.07 0.06

Tabela 19 CHEMICZNE WŁAŚCIWOŚCI GLEBY W KATSINIE-ALA (Sezon suchy)

Lokalizacja	Próbka	Głębokość	pH		OC	N	S	P	Ca	Mg	K	Na	Fe	Al	CEC	ESP	BS	EC25
		(cm)	H20	CaCl2	(%)	(mg/kg)			(Cmol/kg)							(%)	(%)	(ds/m)
Farma Lower Benue	N1	0 – 30	7.30	7.10	4.10	0.56	0.55	4.00	2.80	1.21	0.73	0.13	0.46	0.38	5.25	2.5	93	0.16
	N2	30 – 60	7.20	6.80	3.66	0.56	0.52	3.81	2.62	1.21	0.61	0.11	0.42	0.37	4.92	2.2	92	0.15
	N3	60 – 90	7.05	6.75	1.20	0.30	0.37	2.46	2.20	1.00	0.27	0.10	0.47	0.32	3.89	2.6	92	0.09
Ugbema	U1	0 – 30	7.50	7.20	4.16	0.66	0.41	3.92	2.71	1.29	0.70	0.16	0.40	0.45	5.31	3.0	92	0.15
	U2	30 – 60	7.30	7.05	3.83	0.61	0.41	3.73	2.35	1.22	0.61	0.14	0.41	0.41	4.73	2.9	91	0.14
	U3	60 – 90	7.10	6.80	1.12	0.44	0.30	2.50	2.19	1.08	0.24	0.09	0.44	0.37	3.97	2.3	91	0.08

Tomataan	T1	0 – 30	7.4	7.05	3.6	0.5	0.3	3.6	3.0	1.7	0.6	0.0	0.3	0.3	5.9	1.5	94	0.13
	T2	30 – 60	0	7.10	9	5	6	2	9	2	8	9	7	5	3	1.4	94	0.10
	T3	60 – 90	7.3	7.05	2.8	0.5	0.3	2.6	3.0	1.5	0.6	0.0	0.3	0.3	5.5	1.7	92	0.09
			0		1	3	6	6	0	0	2	8	5	6	6			
			7.3		1.1	0.3	0.2	1.3	2.8	1.1	0.4	0.0	0.2	0.3	4.8			
			0		6	4	1	4	3	3	0	8	9	7	1			
Dzielnice	H1	0 – 30	7.7	7.30	4.2	0.6	0.3	3.3	3.0	1.5	0.3	0.0	0.4	0.3	5.2	1.7	93	0.16
Hausa	H2	30 – 60	0	7.10	0	4	0	8	0	1	0	9	7	9	9	1.7	93	0.14
	H3	60 – 90	7.5	6.90	3.7	0.5	0.3	2.2	2.7	1.3	0.3	0.0	0.4	0.3	4.7	1.8	92	0.07
			0		2	2	0	8	0	0	0	8	8	5	3			
			7.2		1.3	0.3	0.2	1.4	2.6	1.0	0.2	0.0	0.4	0.3	4.3			
			0		1	6	9	5	2	4	6	8	8	4	4			
COE	Y1	0 – 30	7.3	7.10	3.0	0.4	0.4	3.0	3.6	0.8	0.2	0.0	0.3	0.2	5.0	1.6	94	0.11
(Abave)	Y2	30 – 60	0	6.80	5	7	0	3	5	1	7	8	0	8	9	1.7	93	0.09
	Y3	60 – 90	7.1	6.70	2.3	0.4	0.3	2.9	2.8	0.7	0.1	0.0	0.3	0.2	4.0	1.6	95	0.07
			0		0	4	2	1	2	0	5	7	1	7	1			
			7.1		1.3	0.4	0.2	2.1	2.8	0.5	0.1	0.0	0.3	0.2	3.7			
			0		0	0	9	4	0	4	2	6	6	0	2			

Aketa Village	V1 V2 V3	0 – 30 30 – 60 60 – 90	7.6 0 7.4 0 7.1 0	7.30 7.10 6.80	3.0 0 2.0 7 1.0 0	0.6 3 0.6 1 0.3 7	0.3 3 0.3 0 0.2 2	3.2 0 2.9 0 2.4 0	2.7 9 2.5 0 2.3 0	1.3 0 1.3 0 1.1 5	0.5 5 0.5 3 0.2 7	0.1 0 0.1 0 0.0 7	0.4 0 0.4 2 0.4 8	0.4 1 0.3 2 0.2 8	5.0 6 4.7 5 4.0 7	1.9 2.1 1.7	94 93 93	0.12 0.08 0.05

4.2. Jakość wody

4.2.1. Skład chemiczny rzeki i wody ze studni

Tabele 20 i 21 przedstawiają wyniki składu chemicznego wody rzecznej odpowiednio dla pory deszczowej i suchej. Oznaczenia R1, R2 i R3 oznaczają odpowiednio górne, środkowe i dolne pozycje rzeki (załączniki 19 i 20). Średnie (R) wartości różnych składników chemicznych z segmentów R1, R2 i R3 w porównaniu z normami wodnymi FAO dotyczącymi nawadniania pokazują, że na ogół mieszczą się one w normach wodnych FAO, (1994) zalecanych do nawadniania.

W tabelach 22 i 23 przedstawiono wyniki analizy chemicznej próbek wody ze studni w trzech obszarach zlewni. Oznaczenia W1, W2 i W3 przedstawiają studnie (wodę) w trzech miejscach na obszarze zlewni (załączniki 21 i 22). Średnie (W) wartości różnych składników chemicznych z segmentów W1, W2 i W3 w porównaniu z normami wodnymi FAO (1994) dotyczącymi nawadniania mieszczą się w zakresach zalecanych jako odpowiednie do nawadniania.

Zmętnienie wody w rzece wynosiło od 42,23 do 64,06 mg/l oraz od 16,9 do 25,23 mg/l odpowiednio w porze mokrej i suchej (tabela 20 i 21). Zmętnienie wody w studni wynosiło od 25,0 do 54,33 mg/l oraz od 15,03 do 28,0 mg/l odpowiednio w porze mokrej i suchej (tabele 22 i 23).

pH wody w rzece wahało się od 7,6 do 7,9 i od 7,27 do 8,03 odpowiednio w porze mokrej i suchej (tabela 20 i 21). Wartość pH wody w studni wynosiła od 6,9 do 7,77 oraz od 6,37 do 6,7 odpowiednio w porze mokrej i suchej (tabele 22 i 23).

Wartości przewodności elektrycznej (EC) wody rzecznej wahały się od 0,03 do 0,07 ds/m oraz od 0,04 do 0,09 ds/m odpowiednio dla pory deszczowej i suchej (tabela 20 i 21). Wartości przewodności elektrycznej

(EC) wody w studni wynosiły od 0,09 do 0,12 ds/m oraz od 0,05 do 0,09 ds/m odpowiednio w porze mokrej i suchej (tabele 22 i 23).

Wartości zawartości wapnia w wodzie rzecznej wahały się od 0,24 do 0,32 meq/l oraz od 0,26 do 0,49 meq/l odpowiednio w porze mokrej i suchej (tabele 20 i 21).Zawartość wapnia w wodzie studni wynosiła od 0,42 do 0,65 meq/l oraz od 0,31 do 0,54 mcq/l odpowiednio w porze mokrej i suchej (tabele 22 i 23).

Wartości magnezu w wodzie rzecznej wynosiły od 0,23 do 0,41 meq/l odpowiednio dla pory wilgotnej i suchej (tabela 20 i 21). Dla wody studniowej Mg wynosiło od 0,37 do 0,51 meq/l oraz od 0,31 do 0,45 meq/l odpowiednio dla pory wilgotnej i suchej (tabele 22 i 23).

Wartości tezodowe w wodzie rzecznej wynosiły od 0,09 do 0,21 meq/l oraz od 0,20 do 0,31 meq/l odpowiednio dla pory wilgotnej i suchej (tabela 20 i 21). Wartości sodu w wodzie studniowej wynosiły od 0,09 do 0,37 meq/l oraz od 0,09 do 0,31 meq/l odpowiednio w porze mokrej i suchej (tabele 22 i 23).

Wartości potasu w wodzie rzecznej wynosiły od 1,79 do 5,41 mg/l oraz od 1,46 do 1,95 mg/l odpowiednio w porze mokrej i suchej (tabele 20 i 21). Wartości K w wodzie studni wynosiły od 3,60 do 11,23 mg/l oraz od 1,39 do 3,27 mg/l odpowiednio w porze mokrej i suchej (tabele 22 i 23).

Wartości boru w wodzie rzecznej wahały się od 0,12 do 0,16 mg/l oraz od 0,10 do 0,14 mg/l odpowiednio dla pory suchej i mokrej. W wodzie studniowej wartości boru wynosiły od 0,17 do 0,20 mg/l oraz od 0,11 do 0,13 mg/l odpowiednio w porze mokrej i suchej.

Wartości Pasza wahały się od 0,42 do 1,0 mg/l oraz od 0,84 do 1,54 mg/l odpowiednio dla wody w rzece i studni. Mn wynosiło od 0,13 do 0,17 mg/l oraz od 0,13 do 1,49 mg/l odpowiednio dla wód rzecznych i studniowych (tab. 20-23).

Wartości siarczanów w wodzie rzecznej wynosiły od 0,08 do 0,92 meq/l oraz od 0,05 do 0,69 meq/l odpowiednio dla pory wilgotnej i suchej. W wodzie studniowej wartości te wynosiły odpowiednio od 0,14 do 0,78 meq/l oraz od 0,11 do 0,69 meq/l w porze wilgotnej i suchej.

Wartości wodorowęglanów w wodzie rzecznej wahały się od 0,60 do 1,0 meq/l oraz od 0,61 do 1,51 meq/l odpowiednio dla pory wilgotnej i suchej. Wartości wodorowęglanów w wodzie studniowej wynosiły od 0,60 do 1,38 meq/l oraz od 0,42 do 0,91 meq/l odpowiednio dla pory wilgotnej i suchej.

Wartości całkowitej zawartości rozpuszczonych substancji stałych w wodzie wahały się od 161 do 317 mg/l oraz od 75 do 130 mg/l odpowiednio dla wody w rzece i studni (tabela 20-23).

SAR wody rzecznej wynosił od 0,19 do 0,37 meq/l oraz od 0,29 do 0,61 meq/l odpowiednio dla pory deszczowej i suchej (tabele 20 i 21). Współczynnik SAR dla wody w studni wynosił od 0,19 do 0,50 meq/l oraz od 0,16 do 0,46 meq/l odpowiednio dla pory deszczowej i suchej (tabele 22 i 23).

Tabela 20: KOMPONENT CHEMICZNY PRÓBEK WODOWYCH RIVER WATER (Sezon mokry)

Parametry	R. LOGO	R. AMBIGHIR	R. KATSINA-Ala	Normy wodne FAO dotyczące nawadniania
Temp (^{0C})	28.0	28.0	28.0	-
Zmętnienie mg/l	60.33	42.23	64.06	50-100 mg/l
pH	7.60	8.30	7.90	6.0-8.5
WE ds/m	0.03	0.07	0.03	0-3 ds/m
Ca me/l	0.24	0.32	0.26	0-20 me/l
Mg me/l	0.23	0.33	0.27	0-5 me/l
Na mnie/l	0.09	0.21	0.11	0-40 me/l
K mg/l	2.45	5.14	1.79	0-2 mg/l
Zamknij mnie/l	0.49	0.70	0.70	0-30 me/l
B mg/l	0.12	0.16	0.14	0-2 mg/l
Fe mg/l	0.75	0.64	0.46	0-1,5 mg/l
Mn mg/l	0.14	0.17	0.13	0-2 mg/l
NO3 mg/l	0.0004	0.0004	0.0002	0-10 mg/l
SO4 me/l	0.08	0.92	0.92	0.-20 me/l
HCO3 me/l	1.00	1.00	0.60	0-10 me/l
TDS mg/l	208	161	317	0-2000 mg/l
Twardość mg/l	27.0	35.0	31.0	<80 mg/l
SAR ja/l	0.19	0.37	0.23	0-15 me/l

R= średnie wartości R1, R2 i R3. Gdzie R1, R2 i R3 = odpowiednio górne, środkowe i dolne położenie rzeki (dodatek 19).

Tabela 21: KOMPONENT CHEMICZNY PRÓBEK WODY RZEWNEJ (sezon suchy)

Parametry	R. LOGO	R. AMBIGHIR	R. KATSINA-Ala	Normy wodne FAO dotyczące nawadniania
Temp (^{0C})	26.5	26.5	26.5	-
Zmętnienie mg/l	18.66	16.9	25.23	50-100 mg/l
pH	7.77	7.27	8.03	6.0-8.5
WE ds/m	0.05	0.09	0.04	0-3 ds/m
Ca me/l	0.49	0.36	0.26	0-20 me/l
Mg me/l	0.41	0.39	0.26	0-5 me/l
Na mnie/l	0.20	0.21	0.31	0-40 me/l
K mg/l	1.46	1.95	1.72	0-2 mg/l
Zamknij mnie/l	0.33	0.65	0.70	0-30 me/l
B mg/l	0.10	0.13	0.14	0-2 mg/l
Fe mg/l	1.00	0.53	0.42	0-1,5 mg/l
Mn mg/l	0.15	0.17	0.14	0-2 mg/l
NO3 mg/l	0.002	0.002	0.002	0-10 mg/l
SO4 me/l	0.05	0.40	0.69	0.-20 me/l
HCO3 me/l	1.51	1.19	0.61	0-10 me/l
TDS mg/l	106	92	203	0-2000 mg/l
Twardość mg/l	30.0	36.0	32.30	<80 mg/l
SAR ja/l	0.29	0.34	0.61	0-15 me/l

R= średnie wartości R1, R2 i R3. Gdzie R1, R2 i R3 = odpowiednio górne, środkowe i dolne położenie rzeki (dodatek 20).

Tabela 22: KOMPONENT CHEMICZNY PRÓBEK WODY ŚCIEKŁEJ (

Sezon mokry)

Parametry	W. LOGO	W. AMBIGHIR	W. KATSINA-Ala	Normy wodne FAO dotyczące nawadniania
Temp (ºC)	28.0	28.0	28.0	-
Zmętnienie mg/l	45.77	25.0	54.33	50-100 mg/l
pH	7.10	7.77	6.90	6.0-8.5
WE ds/m	0.09	0.10	0.12	0-3 ds/m
Ca me/l	0.65	0.53	0.42	0-20 me/l
Mg me/l	0.45	0.51	0.37	0-5 me/l
Na mnie/l	0.37	0.30	0.09	0-40 me/l
K mg/l	11.23	9.97	3.60	0-2 mg/l
Zamknij mnie/l	2.6	3.27	1.63	0-30 me/l
B mg/l	0.17	0.17	0.20	0-2 mg/l
Fe mg/l	0.87	1.54	0.84	0-1,5 mg/l
Mn mg/l	0.21	0.21	0.13	0-2 mg/l
NO3 mg/l	0.0013	0.0005	0.0012	0-10 mg/l
SO4 me/l	0.14	0.44	0.78	0.-20 me/l
HCO3 me/l	0.60	1.00	1.38	0-10 me/l
TDS mg/l	96.0	130	75.0	0-2000 mg/l
Twardość mg/l	62.70	52.7	32.0	<80 mg/l
SAR ja/l	0.50	0.42	0.19	0-15 me/l

W = średnie wartości W1, W2 i W3. Gdzie W1, W2 i W3 = studnia (woda) w różnych miejscach w obszarze zlewni (dodatek 21).

Tabela 23: KOMPONENT CHEMICZNY PRÓBEK WODY ŚCIEKŁEJ (Sezon suchy)

Parametry	W. LOGO	W. AMBIGHIR	W. KATSINA-Ala	Normy wodne FAO dotyczące nawadniania
Temp (^{0C})	26.7	29.1	28.0	-
Zmętnienie mg/l	28.0	23.0	15.03	50-100 mg/l
pH	6.44	6.70	6.39	6.0-8.5
WE ds/m	0.05	0.09	0.07	0-3 ds/m
Ca me/l	0.54	0.51	0.31	0-20 me/l
Mg me/l	0.41	0.45	0.31	0-5 me/l
Na mnie/l	0.31	0.28	0.09	0-40 me/l
K mg/l	2.33	3.27	1.39	0-2 mg/l
Zamknij mnie/l	1.63	1.83	1.30	0-30 me/l
B mg/l	0.13	0.13	0.11	0-2 mg/l
Fe mg/l	0.98	1.49	1.14	0-1,5 mg/l
Mn mg/l	0.17	0.14	0.11	0-2 mg/l
NO3 mg/l	0.0009	0.0003	0.0009	0-10 mg/l
SO4 me/l	0.11	0.21	0.69	0.-20 me/l
HCO3 me/l	0.42	0.91	0.88	0-10 me/l
TDS mg/l	63.33	48.33	36.67	0-2000 mg/l
Twardość	28.4	26.9	26.67	<80 mg/l

mg/l				
SAR ja/l	0.46	0.40	0.16	0-15 me/l

W = średnie wartości W1, W2 i W3. W1, W2 i W3 = studnia (woda) w różnych miejscach w obszarze zlewni (dodatek 22).

5. DYSKUSJA

5.1 Ustawienie geologiczne

Dupreez i Barber (1963) zaobserwowali, że wody gruntowe na badanym obszarze są obfite w skałach kataklastycznych, co zaobserwowano w Katsina-Ala; w gnejsie pewne ilości wód gruntowych stwierdzono w strefie wietrzonej. Granit i bazalt mają wysoki wskaźnik wietrzenia. W związku z tym gleby trzech zlewni pochodzące z tych skał odznaczały się wysoką naturalną żyznością, co wskazuje na możliwość opłacalnego prowadzenia irygacji. Aluwium powstało w wyniku zalegania osadów przez wodę w czasie dzięki pobliskim ciekom rzecznym (Dupreez i Baber, 1963). Aluwium charakteryzuje się na ogół wysokim współczynnikiem przewodności gleby, obserwowanym w Ambighir i Katsina-ala. Logo i część zlewni Ambighiru, które leżą pod powierzchnią łupków Ezeaku, powodują powstawanie gleb ilastych o bardzo niskim współczynniku przewodnictwa glebowego. W związku z tym wskazane jest wybudowanie studni rurowej na obszarze zalewowym w celu wykorzystania wód gruntowych do nawadniania w okresach suszy/suszy na badanych obszarach. Na obszarach zlewni leżących pod kompleksem zwietrzałych piwnic o niskim współczynniku przewodności gleby można zbudować zaporę ziemną w celu poboru wód powierzchniowych do celów rolniczych.

5.2. Jakość gleby

5.2.1. Gleba Skład mechaniczny

5.2.1.1. Skład mechaniczny gleb z logo

Rozkład wielkości cząstek gleb Logo przedstawiono w tabeli 8. Lokalizacje te obejmują wioski Wende, Tse Agera, Gege, Tse Mafeega, Tse Aze i Zugu. Próbki z sześciu lokalizacji mają strukturę piaszczysto-gliniastą na głębokości 0 - 30, 30 - 60 i 60 - 90 cm.

Gleby są umiarkowanie odwodnione i napowietrzone ze względu na strukturę piaszczysto-gliniastą. Posiadają one umiarkowaną zdolność zatrzymywania wody i umiarkowaną zdolność do zatrzymywania substancji odżywczych. Jakość gleb Logo jest umiarkowanie przydatna do nawadniania.

5.2.1.2. Skład mechaniczny gleb Ambighiru

Rozkład wielkości cząstek w glebach Ambighiru przedstawiono w tabeli 9. Strukturę piaszczysto-gliniastą przedstawiono dla gleb w miejscowościach Mkovul, Kyase i Gatie. Wioski Ambighir, Kyuwen i Mkar mają strukturę piasku gliniastego, a dominująca w tych trzech lokalizacjach struktura wskazuje na niską zdolność zatrzymywania wody oraz szybką transmisję wody i powietrza. Gleby charakteryzują się dobrym drenażem i napowietrzaniem. Gleby te są umiarkowanie odpowiednie do nawadniania, ale mogą być podatne na suszę.

5.2.1.3 Skład mechaniczny gleb Katsina-Ala

Tabela 10 przedstawia rozkład wielkości cząstek w glebach Katsina-Ala. Gleby w dolnym Benue Farm, Ugbema i Tomattan mają strukturę piaszczysto-gliniastą na głębokości 0 - 30, 30 - 60 i 60 - 90 cm. Dzielnice Hausa Quarters, College of Education (COE)/Abaver i wioski Aketa wskazują na strukturę piasków gliniastych. Gleby o strukturze piasku gliniastego w tych miejscach wskazują na niską zdolność zatrzymywania wody, dobre odwadnianie i napowietrzanie. Gleby te wydają się być umiarkowanie odpowiednie do nawadniania, ale mogą być podatne na suszę.

5.2.2 Zdolność infiltracyjna

Infiltracja jest procesem, w którym woda wchodzi do przestrzeni porowej gleby i staje się wodą glebową (Brady i Weil, 1999). Wydajność infiltracji to maksymalna szybkość, z jaką woda może dostać się do gleby w danych warunkach (Brady i Weil, 1999; Obi, 2000).

5.2.2.1. Zdolność infiltracji w zlewni rzeki Logo

W zlewni Logo wartości wydajności infiltracji były na ogół wysokie i wahały się od 9,56 x10-3 cm/s do 1,04 x 10-2 cm/s (34,4 cm/godz. do 37,4 cm/godz.). Gleby z badanych obszarów przepuszczały wodę w tempie prawie 10 m/dobę (tab. 11). Według Hillel, (1980) gruboziarnista gleba piaszczysta o wartości K 10-2cm/s traciłaby wodę w ogromnym tempie prawie 10 m/dzień, podczas gdy drobna gleba ilasta o wartości K 10-4cm/s traciłaby "tylko" około 10 cm/dzień.

W nasyconej glebie o stabilnych strukturach oraz sztywnym medium porowatym, jakim jest piaskowiec, przewodność hydrauliczna jest charakterystycznie stała. Jej rząd wielkości wynosi około 10-2 do 10-3cm/s w glebie piaszczystej i 10-4 do $^{10\text{-}7cm/s}$ w glebie ilastej (Hillel, 1980). Gleby z logo wykazują wysoką przepuszczalność wody i umiarkowaną zdolność zatrzymywania wody. Są dobrze zdrenowane i dobrej jakości do nawadniania. Marshal and Holmes, (1988) podali, że w glebie nasyconej materiałem glebowym o wartościach K od $^{10\text{-}7}$ m/s do 10-4 m/s, gleba była związana z szeroką gamą gleb do nawadniania, w tym o drobnej strukturze ze stabilnymi kruszywami.

5.2.2.2 Zdolność infiltracji w zlewni rzeki Ambighir

W zlewniach Ambighiru występują wysokie wartości wydajności infiltracji od 1,53 x 10-2 do 5,32 x 10-2 cm/s (55,1 do 191,5 cm/godz.). Wartości dla gleb w Ambighir, Kyuwen i Mkar pokazują, że przenoszą one wodę w tempie około 50 m/dzień. Gleby Mkovul, Kyase i Gatie przepuszczały wodę w tempie około 15 m/dobę (tabela 12). Gleby badanych obszarów wskazują na wysoki stopień przenikania wody, niską lub umiarkowaną zdolność zatrzymywania wody, dobrze odwodnione i nadające się do nawadniania (Marshall i Holmes, 1988).

5.2.2.3 Zdolność infiltracji w zlewni rzeki Katsina-Ala

Gleby w zlewni rzeki Katsina-Ala mają wysoką wydajność infiltracji od 1,05x10-2 do 1,81x10-2 cm/s (37,7 do 65,2 cm/godz.). Gleby badanych obszarów przepuszczałyby wodę w tempie około 16 m/dobę (Tabela 13). Gleby te charakteryzują się dużą przepuszczalnością wody, umiarkowaną zdolnością zatrzymywania wody. Są one dobrze odwodnione i dobrej jakości do nawadniania.

W wielu glebach zdolność infiltracji nie pozostaje stała. Ze względu na różne procesy chemiczne, fizyczne i biologiczne, wydajność infiltracji może się zmieniać w miarę jak woda przenika i przepływa w glebie (Hillel, 1980).

5.2.3. Zasolenie

Zasolenie jest miarą całkowitej zawartości soli w glebie; zwykle mierzone stężenie soli wynosi powyżej 4 mmhos/cm. Gleby solne i sodowe określane są łącznie jako gleby halomorficzne (Agbede, 2009).

Przewodność elektryczna gleb (ECe) trzech obszarów zlewni wynosiła od 0,04 do 0,25ds/m. Wartości te są na ogół niskie i wskazują, że gleby nie są zasolone, zgodnie z limitami ustalonymi przez organizację Schoeneberger *et al.* (2002). Wszystkie gleby mają wartości ECe mniejsze niż 2ds/m.

Sód, który określa stan sodowości gleby, był na ogół niski i wynosił od 0,04 do 0,16 Cmol/kg. Niski poziom sodu w glebie został dodatkowo potwierdzony przez niski poziom ESP. Procentowa zawartość wymiennego sodu (ESP) wahała się od 0,7 do 3,3%. Gleby z ESP mniejszym niż 15% uważa się za niesodowe, a więc dobre do nawadniania, jednak przy nawadnianiu należy zachować ostrożność, ponieważ często prowadzi to do gromadzenia się soli.

Wartości pH gleby w zlewniach Logo, Ambighir i Katsina-Ala wykazały, że w porze wilgotnej były one na ogół lekko kwaśne (pH: 5,3-6,9), a w porze suchej lekko zasadowe (pH: 7,1-7,8) (tabele 14-19). Kwasowość w porze wilgotnej wynikała z wymywania znacznych ilości wymiennych kationów zasadotwórczych (Ca, Mg, K i Na) z powierzchniowych warstw gleby oraz dużej zdolności buforowania. W okresie suchym występował stosunkowo wysoki stopień nasycenia kationami zasadowymi oraz mała pojemność buforowa. Gleba w okresie suchym może być łatwo odśnieżana ze względu na niską zdolność buforowania (Agbede, 2009).

Odczyn pH gleby jest najważniejszym czynnikiem wpływającym na wydajność upraw. Ma on wpływ na tempo rozkładu materii organicznej, aktywność mikrobiologiczną, formy i zakres dostępności i pobierania składników pokarmowych przez rośliny uprawne (Agbede, 2009).

pH gleby w porze suchej może być obniżone przez zastosowanie lekkiego nawadniania, ale w częstych odstępach czasu. Pozwoliłoby to utrzymać wilgotność gleby, rozcieńczyć sole i zmniejszyć toksyczne i osmotyczne działanie soli w glebie.

Jakość gleby w trzech zlewniach do nawadniania jest umiarkowana, ponieważ pH gleby mieści się w normalnym zakresie (5 - 8,5 dla większości roślin uprawnych). Gleby te nie są zasolone, a zatem umiarkowanie nadają się do nawadniania.

Względne poziomy tolerancji wybranych roślin na zasolenie gleby obejmują: (i) Uprawy polowe (1,0-8,0 ds/m) (bawełna, soja, sorgo, orzech ziemny, ryż, kukurydza, groszek zwyczajny, fasola i ziemniak), (ii) Uprawy owocowe (1,0-4,0 ds/m) (cytrusy i palma) oraz (iii) Warzywa (1,0-4,0 ds/m) (pomidor, ogórek, papryka, sałata i cebula) (Maas, 1984).

5.2.4. Płodność/odżywianie

Płodność to całkowita zdolność gleby do dostarczania roślinom składników odżywczych i innych czynników wzrostu w celu uzyskania optymalnej wydajności danej uprawy (Agbede, 2009).

5.2.4.1. Substancja organiczna

Zawartość materii organicznej w glebach Logo, Ambighir i Katsina-Ala w okresie suchym (0,9 - 4,2%) była wyższa niż w okresie mokrym (0,61 - 4,0%). Wynika to z szybkiego tempa rozkładu materii organicznej spowodowanego wilgocią w porze wilgotnej, która spowodowała spadek jej zawartości w glebach.

Wartości substancji organicznej w glebach badanych obszarów były na ogół umiarkowane. Zawartość materii organicznej w większości gleb waha się od 1-5% głównie w górnych 25 cm (Agbede, 2009).

Gleba jest uważana za umiarkowanie odpowiednią do nawadniania ze względu na umiarkowaną zawartość materii organicznej w glebie. Pojemność zatrzymywanej wody, granulacja, zdolność do wymiany kationowej, dostarczanie i dostępność składników odżywczych uległyby poprawie.

5.2.4.2. Azot (N)

Zawartość azotu w glebach badanych obszarów w porze suchej (0,15 - 1,0 mg/kg) była wyższa niż w porze mokrej (0,11 - 0,58 mg/kg) (tab. 14 - 19). Mogło to wynikać z szybkiego tempa rozkładu materii organicznej, nadmiernego wypłukiwania składników pokarmowych w dół profilu glebowego oraz usuwania plonów i erozji w okresie deszczowym. Większość gleb sawanny w Nigerii ma bardzo niską całkowitą zawartość N (0,04 - 0,05%) w porównaniu z normalnym zakresem 1 - 6% N (Adetunji i Adepetu, 1990).

Uznaje się, że gleba nadaje się do nawadniania, mimo że ma niską zawartość N, ale ze względu na umiarkowaną zawartość materii organicznej w glebie, N byłby dostarczany w wyniku rozkładu materii organicznej podczas stosowania wody.

5.2.4.3. Siarka (S)

Zawartość siarki w glebach badanych obszarów w porze suchej (0,1 - 0,72 mg/kg) była wyższa niż w porze mokrej (0,07 - 0,37 mg/kg). Generalnie zawartość siarki w badanych glebach była niska.

Niedobór siarki może wynikać z materiałów macierzystych, wysokiego stopnia wymywania, usuwania plonów i niskiego poziomu powietrza atmosferycznego przenoszącego siarkę.

5.2.4.4. Fosfor (P)

Dostępna zawartość P w glebach w okresie suchym (0,29 - 4,0 mg/kg) była wyższa niż w okresie mokrym (0,19 - 3,62 mg/kg) (tab. 14 - 19). Litosfera zawiera ok. 0,1%P, a gleba waha się od ok. 0,01 do 0,2%P (Agbede, 2009). Dostępne formy fosforu to H2PO4- i HPO42-. Łączne stężenie jest bardzo niskie w glebach o zakresie <1 - 4 mg/kg (Agbede, 2009).

Umiarkowana zawartość fosforu w glebach wynika z umiarkowanej zawartości materii organicznej, materiału macierzystego i stopnia wietrzenia.

5.2.4.5. Podstawy wymiany

Wymienne bazy są na ogół umiarkowane na wszystkich glebach trzech badanych obszarów (Logo, Ambighir i Katsina-Ala). Dominującym kationem jest wapń i magnez (Tabela 14 - 19). Potas i sód mają niskie stężenie (tab. 14-19). Z reguły niska zawartość zasad wymiennych, zwłaszcza K i Na, może być spowodowana intensywną uprawą i usuwaniem roślin bez ich wymiany, co prowadzi do pogorszenia stanu chemicznego. Nawozy zawierające te pierwiastki będą musiały być stosowane w odpowiednim czasie w odpowiedniej ilości i poprzez zakopanie w celu uzupełnienia niedoboru.

5.2.4.6. Zdolność wymiany kationów (CEC)

CEC jest umiarkowane we wszystkich glebach badanych obszarów i waha się od 3,09 Cmol/kg (tabela 18) do 8,50 Cmol/kg (tabela 15).

Umiarkowane CEC było wynikiem połączonego oddziaływania materii organicznej, całkowicie wymiennej zasady i wymiennej kwasowości gleb. Wartości CEC wynoszą mniej niż 12 Cmol/kg gleby, co stanowi minimalne wartości dla gleb żyznych. Niskie lub umiarkowane wartości CEC gleb oznaczają, że przy ciągłej uprawie (rolnictwo nawadniane i deszczowe) gleby uległyby szybkiej degradacji fizycznej i chemicznej. Włączenie materii organicznej i dodanie zasad w ramach programu nawożenia podniosłoby wskaźnik CEC tych gleb.

5.2.4.7 Saturacja zasadowa (BS)

Podstawowe nasycenie gleb badanych obszarów jest na ogół wysokie i wynosi od 91 do 97%. Wartości nasycenia zasadowego większe niż 50% wskazują na gleby żyzne, natomiast mniejsze niż 50% na niską żyzność (FAO - UNESCO, 1998). Na tej podstawie można uznać, że gleby trzech zlewni są żyzne.

5.3. Jakość wody

Jakość wody jest ważna przy rozważaniu jej wykorzystania do nawadniania. Ważnymi cechami, które decydują o jakości wody do nawadniania, przedstawionymi przez FAO (1994), są m.in:

i. Całkowite stężenie soli rozpuszczalnych,

iiRelacyjna proporcja sodu do wapnia i magnezu

iiiKoncentracja boru i innych pierwiastków, oraz

ivKoncentracja węglanów i wodorowęglanów.

Skład chemiczny próbek wody w rzece podano w tabelach 20 i 21 odpowiednio dla pory deszczowej i suchej. Tabele 22 i 23 dotyczą odpowiednio pory deszczowej i suchej wody w studni.

Średnie wartości parametrów chemicznych w Logo, Ambighir i Katsina-Ala zostały porównane z normami wodnymi FAO (1994) dla nawadniania (tabele 6 i 7).

Problemy związane z jakością wody, choć często złożone, zazwyczaj występują w czterech ogólnych kategoriach, a mianowicie: zasolenie, przepuszczalność, toksyczność i różne skutki (FAO, 1984).

5.3.1 Zasolenie

Problem z zasoleniem związany z jakością wody może wystąpić, jeśli całkowita ilość soli w wodzie do nawadniania jest na tyle duża, że gromadzi się ona w strefie korzeni roślin. Uprawa ma dodatkowe trudności z pobieraniem wystarczającej ilości wody z roztworu słonej gleby (FAO, 1984).

5.3.1.1 pH wody

pH wody rzecznej w porze suchej (7,27 - 8,03) było na ogół wyższe niż w porze mokrej (7,6 - 7,9) ze względu na wysoki stopień nasycenia kationami zasadotwórczymi (Ca, Mg, K i Na) w porze suchej. W rzece Ambighir pH było wyższe w sezonie mokrym (pH 8,30). Wartości pH wody studni były wyższe w porze wilgotnej (6,9 - 7,77) w porównaniu z porą suchą (6,37 - 6,7). Oczekiwano, że kationy zostaną wymyte z profilu glebowego, co spowoduje zwiększenie stężenia zasadowego w wodzie studni. Wszystkie wartości wskazują na stan lekko zasadowy, ale mieszczą się w zalecanym zakresie norm 6 - 8,5 (FAO, 1994).

Wartości pH wody rzecznej wskazują na stan lekko zasadowy; ciągłe stosowanie tej wody na glebach w obrębie badanych obszarów może być szkodliwe. Wynika to ze stanu lekko zasolonego gleb w porze suchej (tabele 15, 16 i 19).

Przy każdym nawadnianiu dodaje się więcej soli z zastosowaną wodą. Część dodanej soli musi zostać wymyta ze strefy korzeniowej, zanim stężenie wpłynie na wydajność upraw (Ayers i Westcot, 1994).

5.3.1.2 Przewodność elektryczna (ECw)

Dla wód rzecznych ECw w porze suchej (0,04 - 0,09 ds/m) były wyższe niż w porze mokrej (0,03 - 0,07 ds/m). Jakość wody w rzece jest często związana z przepływem. Rozcieńczenie spowodowane spływem w okresach deszczowych zwykle utrzymuje całkowite stężenie soli na niskim poziomie (Ochtman i Debele, 1975). Dla wody studniowej wartości ECw były wyższe w porze wilgotnej (0,09 - 0,12 ds/m) w porównaniu z porą suchą (0,05 - 0,09 ds/m). Generalnie, wartości ECw dla próbek wody były niskie. W oparciu o normy FAO (1994) wartość 3,0 ds/m jest najwyższą bezpieczną granicą EC dla wody do nawadniania. W związku z tym woda w trzech zlewniach jest bardzo bezpieczna do nawadniania.

5.3.1.3. Wapń (Ca2+)

Woda w rzece miała wyższe stężenie wapnia w porze suchej (0,26 - 0,49 meq/l) niż w porze mokrej (0,24 - 0,32 meq/l). W wodzie studniowej wysokie stężenie wapnia stwierdzono w porze wilgotnej (0,42 - 0,65 meq/l) w porównaniu z porą suchą (0,31 - 0,54 meq/l). Duża ilość wapnia w wodzie mogła wynikać z obecności wapienia w obrębie litologii. Wapń, będący również pierwiastkiem biofilnym, podczas spalania krzewu, więcej wapnia dostaje się do wód powierzchniowych. Stosunek Ca/Mg jest większy niż jeden. W związku z tym potencjalny wpływ sodu jest zmniejszony. SAR i ESP również by się zmniejszyły. Wartości te są generalnie niskie i mieszczą się w bezpiecznej granicy (0 - 20meq/l) dla nawadniania, jak sugeruje FAO (1994).

Nadmierne stężenie wapnia może prowadzić do problemów z zasoleniem i nadmiernego tworzenia się kamienia. Niskie stężenie wapnia w wodzie nie spowodowałoby problemu z zasoleniem.

5.3.1.4. Magnez ($Mg2+$)

Stężenia Mg w rzekach Logo i Ambighir były wyższe w porze suchej niż mokrej (tabele 20 i 21). Rzeka Katsina-Ala wykazuje niskie stężenie Mg w porze suchej w porównaniu z porą wilgotną. Studnie w rzekach Logo i Katsina-Ala wykazują wysokie stężenia w porze wilgotnej. Stosunek Ca/Mg jest większy niż jeden (tabele 20 i 23).

Ogólnie rzecz biorąc, wynik pokazuje niskie stężenie magnezu w wodzie. Nie spowodowałoby to problemu z zasoleniem. Bezpieczny zakres FAO (1994) wynosi 0 - 5meq/l. W wodzie zdominowanej przez Mg (stosunek $Ca/Mg<1$) lub Mg gleby (stosunek $Ca/Mg<1$ gleby do wody) potencjalny wpływ sodu może być nieznacznie zwiększony (Rahman i Rowell, (1979).

5.3.1.5 Sód (Na)

Stężenie sodu w wodzie było na ogół bardzo niskie. Wartości te wahały się od 0,09 do 0,31 meq/l w rzece i wodzie studniowej (tab. 20-23). Wartości te kształtowały się poniżej 3 mEq/l, co oznacza, że problem sodowości nie jest oczekiwany. Wysokie stężenie Na w wodzie prowadzi do rozwoju sodowości w glebach (Singh, 2000).

5.3.1.6. Ocena problemu zasolenia

Wytyczne dotyczące oceny problemów związanych z zasoleniem przedstawiono w tabelach 6 i 7. Wartości pH, EC, Ca, Mg i Na wskazują, że woda nie ma problemów z zasoleniem. W związku z tym woda w trzech zlewniach jest dobrej jakości do nawadniania.

Zazwyczaj nie występują problemy z glebą lub uprawami ze względu na jakość wody, ani nie są one rozpoznawane w przypadku stosowania wody o parametrach roztworu mieszczących się w "zwykłym zakresie" i oznaczających "brak stopnia ograniczenia stosowania" (FAO, 1994). Względne poziomy tolerancji wybranych upraw na zasolenie wody (ECw) obejmują: (i) Fasola jest wrażliwa na zasolenie. (ii) Uprawy polowe tolerancyjne (0,7 - 5,3 ds/m) obejmują bawełnę, soję, sorgo, orzech ziemny, ryż, kukurydzę, cowpea, fasolę i ziemniaki. (iii) Uprawy owocowe tolerancyjne (0,7 - 2,7 ds/m) to owoce cytrusowe i palmowe. (iv) Rośliny warzywne tolerancyjne (0,7 - 2,7 ds/m) to pomidor, ogórek, papryka, sałata i cebula (Maas, 1984).

5.3.2. Przepuszczalność

Problem z przepuszczalnością związany z jakością wody może wystąpić, gdy tempo przenikania wody do i przez glebę jest zmniejszone na skutek działania specyficznych soli lub ich braku w wodzie w takim stopniu, że rośliny uprawne nie są odpowiednio zaopatrywane w wodę i zmniejsza się ich wydajność. Czynnikami określającymi przepuszczalność gleby są: zawartość sodu w stosunku do wapnia i magnezu; zawartość wodorowęglanów i węglanów oraz całkowite stężenie soli w wodzie (FAO, 1994).

5.3.2.1. Zasolenie wody (ECw)

Wartości przewodności elektrycznej (ECw) wody były na ogół bardzo niskie (0,03 - 0,12 ds/m). Woda w trzech zlewniach jest bardzo bezpieczna do nawadniania, ale może prowadzić do problemów z infiltracją z powodu niskiego stanu zasolenia wody. Potwierdza to również stwierdzenie Oster i Schroer (1979), którzy stwierdzili, że woda o niskim zasoleniu (< 0,5 ds/m, a zwłaszcza poniżej 0,2 ds/m) jest korozyjna i ma tendencję do wymywania gleb powierzchniowych wolnych od rozpuszczalnych minerałów i soli, zwłaszcza wapnia, co zmniejsza ich silny stabilizujący wpływ na agregaty glebowe i strukturę gleby.

Wysokie zasolenie wody do nawadniania (ECw >0,3ds/m) powoduje bardzo niską infiltrację, podczas gdy bardzo niskie zasolenie (ECw < 0,2ds/m) powoduje niską infiltrację wody, co może prowadzić do nadmiernego spływu, jak podają również Oster i Schroer (1979). Szybkość infiltracji zazwyczaj wzrasta wraz ze wzrostem zasolenia i maleje wraz ze spadkiem zasolenia lub wzrostem zawartości sodu w stosunku do wapnia i magnezu - wskaźnika adsorpcji sodu.

5.3.2.2. Wskaźnik adsorpcji sodu (SAR)

SAR rzeki i wody studni jest na ogół niski. SAR wody wahał się od 0,19 do 0,61 meq/l (tabela 20 i 23).

Tak niskie wartości SAR są oczekiwane ze względu na dość niską zawartość sodu. Woda do nawadniania o wartości SAR od 2 do 6 mg/l jest uważana za wodę o niskiej zawartości sodu (Landon, 1991). Według FAO (1994), woda do nawadniania o wartości SAR <3mg/l, przewodnictwo elektryczne miałoby wartości od >0,07 do <0,2ds/m. Wyniki pokazują, że wartości SAR są znacznie niższe niż 3meq/l, co wskazuje na "brak ograniczeń w stosowaniu". Nie przewiduje się zatem problemu z przepuszczalnością, ponieważ zagrożenie związane z obecnością sodu w rzece i wodzie w studni jest niskie. Zwykły zakres współczynnika SAR w wodzie do nawadniania wynosi od 0 do 15 mq/l (FAO, 1994).

5.3.2.3. Wodorowęglan (HCO3)

Problemy z przepuszczalnością są jednak również związane z zawartością wodorowęglanów w wodzie do nawadniania. Analiza wody w rzece wykazuje niższe stężenie wodorowęglanów w porze wilgotnej (0,60 - 1,0 meq/l) w porównaniu z porą suchą (0,61 - 1,51 meq/l). Gdy wysychanie gleby następuje pomiędzy nawadnianiami, część CO3 i HCO3 mogłaby wytrącać się jako Ca-MgCO3, usuwając w ten sposób Ca i Mg z wody glebowej i zwiększając względny udział Na, co zwiększyłoby zagrożenie dla sodu (Rhoades, 1972).

Wartości HCO3 wynoszą poniżej 1,5 mEq/l, co oznacza "brak ograniczeń w użytkowaniu". W związku z tym nie przewiduje się wystąpienia problemu z przepuszczalnością. Wartości te mieszczą się w dopuszczalnym limicie (<10 mEq/l) dla wody do nawadniania sugerowanym przez FAO (1994) i dlatego są bardzo odpowiednie do nawadniania. Wysoki poziom wodorowęglanów powoduje niską infiltrację i nadmierne tworzenie się białej łuski na liściach i owocach (Michael, 1985).

5.3.2.4. Substancje stałe rozpuszczone ogółem (TDS)

Wartości dla całkowitej ilości rozpuszczonych substancji stałych w wodzie wynosiły od 92 do 317 mg/l (Tabela 20-23). Wszystkie badane obszary mają wartości TDS poniżej 450 mg/l wskazujące na "Brak problemu", co oznacza, że woda może być używana do nawadniania bez problemu przepuszczalności.

Bezpieczne limity FAO (1994) dla TDS w wodzie do nawadniania przedstawiono w tabeli 6. Wodę w trzech zlewniach można zaklasyfikować jako "dobrą" do celów irygacyjnych bez problemu przepuszczalności.

5.3.2.5. Wapń

Stężenie wapnia w wodzie jest na ogół niskie (tabele, 20 - 23).
Niskie stężenie wapnia może prowadzić do niskiego wskaźnika infiltracji. Stosunek Ca/Mg jest większy niż jeden, dlatego potencjalny wpływ sodu jest zmniejszony. Bez soli, a konkretnie bez wapnia, gleba rozprasza się, a rozproszone drobne cząsteczki wypełniają wiele mniejszych przestrzeni porowych, uszczelniając powierzchnię i znacznie zmniejszając szybkość przenikania wody do powierzchni gleby.
Zakres FAO, (1994) dla wapnia w wodzie do nawadniania wynosi 0 - 2 meq/l.

5.3.2.6. Magnez

Stężenie magnezu w wodzie jest na ogół niskie. Wartości te wahały się od 0,23 do 0,41 mq/l i od 0,31 do 0,45 mq/l odpowiednio dla wody w rzece i studni (tabele 20-23).
Niskie stężenie magnezu spowodowałoby niski stopień infiltracji. Zakres bezpieczeństwa FAO (1994) dla wody do nawadniania wynosi 0 - 5 meq/l.

5.3.2.7. Problem z przepuszczalnością Ocena

Problemy z przepuszczalnością mogą nie rozwijać się łatwo w glebach zlewni ze względu na klasy teksturalne gleb piaszczysto-gliniastych i piaszczysto-gliniastych. Wartości SAR, HCO3, TDS, ECw, Ca i Mg wody mieszczą się w "zwykłym zakresie" i oznaczają "brak stopnia ograniczenia użytkowania", jak pokazano w tabeli 6. Woda ta jest zatem bardzo odpowiednia do nawadniania.

5.3.3Toksyczność

Problem z toksycznością może wystąpić, gdy niektóre składniki w wodzie są pobierane przez rośliny uprawne i kumulują się w ilościach, które spowodowałyby zmniejszenie plonów. Jest to zazwyczaj związane z jednym lub kilkoma specyficznymi jonami w wodzie, a mianowicie borem, chlorkiem i sodem. Inne pierwiastki śladowe, które mogą powodować toksyczność, to żelazo i mangan.

5.3.3.1. Sód (Na)

Stężenie sodu w wodzie jest bardzo niskie (0,09 - 0,31 mq/l) i nie może prowadzić do toksyczności sodu. W związku z tym woda jest bardzo odpowiednia do nawadniania. Bezpieczna granica FAO (1994) wynosi <40meq/l. Wysokie stężenie sodu prowadzi do problemów z toksycznością (Pearson, 1960). Użycie wody do nawadniania o wysokiej zawartości sodu spowoduje, że gleba będzie zawierała dużo sodu, ale może wymagać kilku nawadnień, aby spowodować zmianę. Uszkodzenie (toksyczność) może nastąpić, jeśli sód nagromadzi się do stężenia przekraczającego tolerancję danej uprawy (Maas, 1984).

Względne poziomy tolerancji wybranych upraw na sód wymienialny obejmują: (i) Uprawy wrażliwe (fasola, bawełna, kukurydza, groch, owoce cytrusowe, orzechy ziemne i cowpea). (ii) Uprawy częściowo wrażliwe (sałata, bajara, trzcina cukrowa, cebula, ryż, sorgo i pomidor) oraz (iii) Uprawy tolerancyjne (bawełna, jaja ogrodowe i lucerna) (Maas, 1984).

5.3.3.2. Chlorek (Cl)

Najczęstszym problemem związanym z toksycznością jest chlorek w wodzie do nawadniania. Dzieje się tak dlatego, że chlorek nie jest adsorbowany ani powstrzymywany przez gleby. Dlatego łatwo przemieszcza się wraz z wodą glebowo-wodną (Maas, 1984).

Stężenie chlorków w wodzie rzecznej było niskie zarówno w porze mokrej, jak i suchej (tab. 20 i 21). W wodzie studniowej stężenie było wyższe w porze wilgotnej w porównaniu z suchą (tab. 22 i 23).

Ogólnie rzecz biorąc, stężenie chlorków w badanych obszarach jest niskie i mieści się w bezpiecznej granicy dla nawadniania.Bezpieczna granica dla chlorków wynosi <30meq/l (FAO, 1994). Niskie stężenie chlorków może wynikać z obecności bazaltu, który uniemożliwia kontakt osadów morskich z wodą słodką. W związku z tym nie oczekuje się toksyczności chlorków, jeśli woda jest używana do nawadniania. Cytrusy (*citrus spp.*) i tytoń są tolerancyjne na chlorki (6,7 - 16,6mq/l) (Maas, 1984)

5.3.3.3. Bor (B)

Jeden do dwóch miligramów na litr boru może być toksyczny dla niektórych upraw. Wody powierzchniowe rzadko zawierają wystarczająco dużo boru, aby były toksyczne, ale woda ze studni lub źródeł czasami zawiera toksyczne ilości. Toksyczność boru może mieć wpływ na prawie wszystkie uprawy (Maas, 1984). Stężenie boru w wodzie rzecznej wynosiło od 0,12 do 0,16 mg/l i od 0,10 do 0,14 mg/l odpowiednio w porze mokrej i suchej. W wodzie studniowej stężenie boru wynosiło od 0,17 do 0,20 mg/l oraz od 0,11 do 0,13 mg/l odpowiednio w porze mokrej i suchej.

Wysokie stężenie stwierdzono w rzece i wodzie studniowej w porze wilgotnej w porównaniu z porą suchą. Ogólnie rzecz biorąc, stężenie boru jest niskie i mieści się w dopuszczalnym zakresie. Bezpieczny zakres FAO (1994) wynosi 0-2mg/l. Woda nie ma problemu z toksycznością boru.

Względne poziomy tolerancji boru w uprawach rolnych obejmują: (i) uprawy bardzo wrażliwe (<0,5 mg/l) (cytryna i jeżyna), (ii) uprawy wrażliwe (0,5-0,75 mg/l) (cytrusy, cowpea i cebula), (iii) uprawy wrażliwe (0,75-1,0 mg/l) (czosnek, słodki ziemniak, fasola i orzech ziemny), (iv) uprawy średnio wrażliwe (1,0-2,0 mg/l) (papryka i ogórek). (v) Umiarkowanie tolerancyjne (2,0-4,0 mg/l) (sałata, kukurydza, tytoń i musztarda), (vi) Tolerancyjne (4,0-6,0 mg/l) (sorgo i pomidor), oraz (vii) Bardzo tolerancyjne (6,0-15,0 mg/l) (bawełna i szparagi) (Maas, 1984).

5.3.3.4. Żelazo i Mangan

Problem z toksycznością może wystąpić w glebach, gdy do nawadniania stosuje się stale wysokie stężenie Fe i Mn w wodzie (Hanson *i in.*, 1994; Hassan, 1998).

Stężenia pasz wahały się od 0,42 do 1,0 mg/l oraz od 0,84 do 1,54 mg/l odpowiednio dla wód rzecznych i studniowych. Wody powierzchniowe zwykle zawierają niższe stężenie Fe niż wody gruntowe (Pratt, 1972). Wysokie stężenie Fe w studni jest prawdopodobnie spowodowane bocznym miękkim nadkładem w badanych rejonach, jak również zgłoszonym przez Agbede i Adegoye (2003). Stężenia Mn wahały się od 0,13 do 0,17 mg/l i od 0,13 do 1,49 mg/l odpowiednio dla wód rzecznych i studni (Tabela 20-23).

Wartości te spadają poniżej 1,5 mg/l i 2 mg/l uważane za bezpieczne wartości graniczne odpowiednio dla Fe i Mn. Oznacza to, że woda nie ma problemów z toksycznością Fe i Mn. Wysokie stężenie Fe i Mn w wodzie może powodować powstawanie osadów w rurach irygacyjnych, odbarwianie i powstawanie bakterii żelazowych.

5.3.3.5. Ocena problemu toksyczności

Przy ocenie możliwości wystąpienia problemu toksyczności w zlewni rzeki Katsina-Ala w odniesieniu do nawadniania, wartości Na, Cl, B, Fe i Mn mieszczą się w wartościach dopuszczalnych limitów ustalonych przez FAO (1994). W związku z tym nie oczekuje się, aby toksyczność stanowiła problem.

5.3.4. Różne

5.3.4.1. Azotan (NO3)

Stężenie azotanów zarówno w rzece jak i w wodzie studniowej wynosiło od 0,0004 do 0,0013mg/l. Stężenie to jest bardzo niskie. Wartości te mieszczą się w zalecanym zakresie.

Postać azotanowa ($NO_{3\text{-}N}$) występuje najczęściej w wodzie irygacyjnej. Azot w wodzie do nawadniania działa podobnie jak azot nawozowy stosowany w glebie, a jego nadmiar powoduje nadmierne stymulowanie wzrostu roślin, opóźnione dojrzewanie lub niską jakość (Ayers i Westcot, 1994).

5.3.4.2 Zmętnienie wody

Zmętnienie jest powodowane przez zawiesiny w wodzie. Zmętnienie wody wynosiło od 15,03 do 64,06 mg/l (Tabela 20 - 23).

Wyższe wartości obserwowano w porze wilgotnej (tabele 20 i 22). Mogą one wynikać ze spływu z pobliskich pól do rzek w okresach deszczowych. Wyższe zmętnienie wody studni w porze wilgotnej może być spowodowane zawiesinami, cząsteczkami mułów i glin głównie z miękkiego nadkładu. Nadmierne zmętnienie może powodować zatykanie się systemów nawadniających.

Wartości zarówno w porze suchej, jak i mokrej mieszczą się w zalecanym limicie 50-100 mg/l, jak podają również Hanson i wsp. (1994) i Hassan (1998).

5.3.4.3 Siarczan (SO4)

Stężenie siarczanów w wodzie wynosiło od 0,05 do 0,92 meq/l (Tabela 20-23). Wartości w okresie suchym były niższe od wartości w okresie mokrym. Stężenie siarczanów w wodzie mieści się w granicach dopuszczalnych dla nawadniania, przy czym zalecana norma wynosi 0 - 2 meq/l (FAO, 1994).

5.3.4.4. Potas (K)

Stężenie potasu w wodzie rzecznej wynosiło od 1,79 do 5,41 mg/l oraz od 1,46 do 1,95 mg/l odpowiednio w porze mokrej i suchej (tabele 20 i 21). Stężenie K w wodzie studni wynosiło od 3,60 do 11,23 mg/l oraz od 1,39 do 3,27 mg/l odpowiednio w porze mokrej i suchej (tabele 22 i 23).

W porze deszczowej rzeki Logo i Ambighir wykazywały stężenie przekraczające dopuszczalną granicę. Ale w porze suchej, wszystkie wody rzeczne wykazywały stężenie K, które mieściło się w granicach tolerowanych. Wszystkie studnie w porze wilgotnej wykazywały bardzo wysokie stężenie K w wodzie. W porze suchej stężenie K było nadal powyżej granicy tolerowanej, z wyjątkiem Katsina-Ala.

Wysokie wartości mogą wynikać z zanieczyszczenia nawozami nieorganicznymi (ponieważ rolnicy na tym obszarze w dużym stopniu wykorzystują NPK), skaleniem, mikrami i gliną. Wypłukiwanie tych minerałów do wody mogłoby spowodować wysokie stężenie K w wodzie. Bezpieczny zakres FAO (1994) wynosi od 0 do 2 mg/l. W związku z tym, że rolnicy na tym obszarze w dużym stopniu wykorzystują NPK, skaleń, mikroby i glinę. Potas nie jest toksyczny. Wartość K przekracza standardowy zakres w wodzie, ale może być stosowany do nawadniania. Według Ojeniyi (2002) i Agbede (2009), na glebach nigeryjskich brakuje NPK. W związku z tym wartość K w wodzie korygowałaby raczej nierównowagę żywieniową K w glebach badanych obszarów. Nadmierne stosowanie K w glebach może prowadzić do niedoboru innych kationów, takich jak Ca i Mg.

5.3.4.5. Ocena różnych problemów

Wartości NO3, zmętnienia, SO4 i K w wodzie mieszczą się w bezpiecznych zakresach dla nawadniania.

6. PODSUMOWANIE, WNIOSKI I ZALECENIA

6.1. Podsumowanie

Przeprowadzono ocenę właściwości gleb i wód w niektórych miejscach wzdłuż zlewni rzeki Katsina-Ala w Benue State w celu określenia przydatności tych gleb i wód do celów irygacyjnych. Obszarami badań były rzeki Logo, Ambighir i zlewnia Katsina-Ala. Do analizy fizjograficznej badanych obszarów wykorzystano mapę topograficzną.

Test wydajności infiltracji został przeprowadzony na polach. Próbki gleby pobierano na głębokościach 0 - 30, 30 - 60 i 60 - 90 cm do analizy mechanicznej i chemicznej. Próbki wody z rzek i studni pobierano i analizowano chemicznie pod kątem zasolenia, przepuszczalności, toksyczności i różnych parametrów jakościowych. Badania prowadzono w porze wilgotnej i suchej.

Gleby w zlewni Logo miały strukturę głównie piaszczysto-gliniastą, natomiast Ambighir i Katsina-Ala miały strukturę piaszczysto-gliniasto-gliniastą. Gleby te mają wysokie wartości zdolności przenikania. Gleby na badanych obszarach nie wykazują problemu z zasoleniem, gdyż wartości pH, przewodności elektrycznej i zasad wymiennych mieszczą się w granicach tolerancji. Gleby oceniane są jako umiarkowane pod względem żyzności. Wynika to z ich umiarkowanego poziomu zdolności kationowymiennej, materii organicznej, zasad wymiennych i wysokiego nasycenia zasadowego.

Stwierdzono, że jakość wody w rzece i studni nadaje się do nawadniania, ponieważ zasolenie, przepuszczalność, toksyczność i różne parametry związane z jakością mieszczą się w dopuszczalnych granicach zalecanych przez FAO (1994).

6.2. Wniosek

Ocena jakości gleb i wody z niektórych miejsc położonych wzdłuż zlewni rzeki Katsina-Ala wskazuje, że gleby i woda nadają się do nawadniania. Parametry wody badane pod względem zasolenia, przepuszczalności, toksyczności i innych parametrów mieszczą się w granicach dopuszczalnych dla celów irygacyjnych. Poziomy materii organicznej, CEC i nasycenia zasadowego wskazują, że gleby są umiarkowanie żyzne. pH gleby, ESP i EC wskazują, że są to gleby nie zasolone, a zatem odpowiednie do nawadniania.

Ze względu na potencjał rolniczy tych gleb, uprawy takie jak rośliny strączkowe, zboża i warzywa mogą być przystosowane lub tolerancyjne w stosunku do naturalnych właściwości gleby i wody.

6.3. Zalecenie

Na podstawie wyników badania sformułowano następujące zalecenia.

i. Jakość wód gruntowych i powierzchniowych na badanych obszarach mieści się w normach jakości wód FAO (1994). W związku z tym jest ona bardzo odpowiednia do nawadniania.

ii. Gleby te są umiarkowanie odpowiednie do nawadniania.

REFERENCJE

Abrol, I.P. (1982). Technologia chemicznego, fizycznego i biologicznego ulepszania zniszczonych gleb. Referat przedstawiony przez panel ekspertów ds. poprawy i rozwoju gleb pogorszonych w Egipcie, 2-6 maja 1982 r., Kair.

Adegoye, M.S. (1986). Hydrogeologia obszaru zlewni rzeki Karami (Rahama). Unpubl. M.Sc. Thesis, Dept. of Geology, Ahmadu Bello University, Zaria, Nigeria.

Adepetu, J.A. (1997). Soil and Nigerian Food Security. Inauguracyjna seria wykładów 119. Uniwersytet Obafemi Awolowo, Ile-Ife, Nigeria. 19pp.

Adetunji, M.T., i Adepetu, J.A. (1990). Status i rozmieszczenie frakcji siarki w glebach południowo-zachodniej Nigerii. Nig. J. Sci. 24: 1-2

Agbede, I.O., i Adegoye, M.S. (2003) Assessment of the quality of borehole water in Benue State, Nigeria. J. Agric. Sci. and Technology. 13(1). 38 – 50.

Agbede, O.O. (2009). Understanding Soil and Plant Nutrition. Edycja [1.] Prasa Salmana, Keffi, Stan Nasarawa.

Ahmed, K., i Tanko, A.I. (2000). Assessment of water quality changes for irrigation in the river Hadejia catchment. J. Arid Agric. 10: 89-94.

Aikore, O.D, Ogunkunle, A.O., Tabi, F., Oluwatosin, G.A., i Jayeola, O.M. (2003). Spadek jakości gleby w odpowiedzi na długotrwałą, ciągłą uprawę, In: Obrady 28. Dorocznej Konferencji Towarzystwa Nauk o Glebie w Nigerii.

Ajayi, F ., Nduru, M., i Oningue, A(1990). Zatrzymanie soli, która zabija plony. Afrykańscy farmerzy. 4:10-12.

Akinrinde, E.A., i Obigbesan, G.O. (2003). Wyciągalne mikroskładniki pokarmowe w odniesieniu do właściwości fizykochemicznych w glebach czterech stref ekologicznych Nigerii, In: Proceedings of the 28th Annual Conference of Soil Science Society of Nigeria.

Alhassan, F.I., (1995). Water resources evaluation of river Waya catchment area, Bauchi. Unpublished PGD Project Report, Department of Soil Science , University of Agriculture , Makurdi, Nigeria.

Ayers, R.S., and Westcot, D.W. (1994).Water Quality for Agriculture. FAO Irrigation and Drainage Paper 29 Rev. 1 FAO z ONZ, Rzym.

Ayoade, J.O. (1988). Hydrologia tropikalna i zasoby wodne. Londyn: Macmillan publishers Ltd,

Ayuba, S.A. 2008. Soil Fertility and Plant Nutrition. Unpubl. Notatka z wykładu. Departament Gleboznawstwa, Uniwersytet Rolniczy, Makurdi.

Bain, R.C., i Esmaili, H. (1976). Badanie nawadniania ścieków w Santa Rosa. Raport końcowy opracowany przez Brown i Caldwell Engineers.

Belan, F.I.(1985). Uzdatnianie wody. Moskwa: Wydawnictwo Mir, ZSRR, 232pp.

Bello, S.(2001). Jakość wody i właściwości gleby na terenach podmokłych w metropolii Sokoto. Niepublikowany raport z projektu B.Sc. Department of Soil Science and Agric Engineering, Usman Dan Fodio University, Sokoto, Nigeria. 69pp

Benami, A., i Ofen, A. (1982). Inżynieria nawadniająca. Technologia: Israel Institute of Technology.

Black , C.A. (1965). Metody analizy gleby. Agronomia. Nr 9. Część 2 . Amer. Soc . Agronomia, Madison, Wisconsin, USA.

Bolton, F.E. (1981). Optymalizacja wykorzystania wody i azotu poprzez zarządzanie glebą i uprawami. J. Plant and Soil. 231-248.

Bouyoucos, G.H. (1951). Rekalibracja metody hydrometrycznej do badania analizy mechanicznej gleb. Agron. J. 43:434 – 438.

Brady, N.C. (1974). The Nature and Properties of Soils. Edycja ósma. Nowy Jork: Macmillan publ. Co., Inc., USA 639pp.

Brady, N.C., i Weil, R. R. (1999). The Nature and Properties of Soils, 12th ed. Prentice-Hall, New Jersey.

Carter, M.R., i Webster, G.R. (1979). Niedobór wapnia w niektórych glebach splenetycznych Alberty. J. Soil Sci. 30: 161-174.

Chapman, H.D. (1965). Cation Exchange Capacity. W: Methods of Soil Analysis part II, Agron., Monograph N0. 9. Madison, Wisconsin, USA. Am. Soc. Agronomia.

Chopra, S.L., i Kanwar, J.S. (1991). Analityczna Chemia Rolnicza. Wydanie [4], New Delhi, Indie: Wydawcy Kalyani.

Miasto Fresno. (1980). Miasto Fresno - program przemysłowej obróbki wstępnej. Raport miasta Fresno w Kalifornii.

Crites, R.W. 1974. Irygacja ściekami w Bakersfield, Kalifornia. Raport Metcalf and Eddy Inc., Palo Alto, Kalifornia.

Dieleman, P.J., i De Ridder, N.A. (1963). Badania nad ruchem soli i wody w Bolguinie. Polder, Republika Czadu. J. Hydrol. 1:311-343.

Doran, J.W., i Parkin, T.B. (1994). Definiowanie i ocena jakości gleby. W: J.W. Doran, D.C. Coleman, D.F. Bezdicek, i Stewart, B.A. (red.). Definiowanie jakości gleby dla zrównoważonego środowiska. Soil Science Society of America (Amerykańskie Towarzystwo Nauk o Glebie), D.W. Doran, D.C. Coleman, D.F. Bezdicek i Stewart, B.A. (red.). Publikacja specjalna nr 35. ASA, CSSA, i SSSA, Madison, WI.

Doran, J.W., Sarrantonio, M., i Liebig, M.A. (1996). Gleba Zdrowie i zrównoważony rozwój. W: D.L. Sparks (red.). Advances in Agronomy, Vol. 56. San Diego, CA. Academic Press.

Dupreez, J.W., i Barber, W. (1965). The distribution and chemical quality of groundwater in Northern Nigeria. Bulletin 36, Geological Survey of Nigeria.

Departament Zasobów Wodnych. (1965). Biuletyn nr 130-63: Dane hydrologiczne, 1963. California Dept. of Water Resources, Sacramento.

Agencja Ochrony Środowiska. (1979). Process Design Manual for Land Treatment of Waste Water. US Environmental Protection Agency (Agencja Ochrony Środowiska USA).

Evans, K.J., Mitchhell, I.G., i Salau, B. (1979). Gromadzenie metali ciężkich w glebach nawadnianych ściekami i działanie w systemie roślinno-zwierzęcym. Progressive Water Tcchnology (Pergamon Press) 11 (4/5): 339 - 352.

Esu, I.E. (1982). Evaluation of soils for irrigation in Kaduna area of Nigeria. Unpubl. Ph.D.D., Dept of Soil Science, Ahmadu Bello University, Zaria, Nigeria. 305pp.

Esu, I.E. (1988). Detailed Soil Survey of the Tsiga Scheme, Jare River Basin Irrigation Project (Raport końcowy). A Consultancy Project commissioned by Enplan Group Consulting Engineers and Planners for the Katsina State Government of Nigeria. 86pp.

FAO, 1979. Dochodzenia w zakresie badań glebowych do nawadniania. Glebowy byk FAO. No.42. Rzym: FAO. 188pp.

FAO, 1984. Irrigation Practice and Water Management. Dokument FAO "Irrigation and Drainage paper" 1. Rev. 1. Rzym: FAO.

FAO, 1994. Jakość wody dla rolnictwa. FAO Irrigation and Drainage Paper. 29 Rev. 1. Rzym: FAO.

FAO/UNESCO. (1973). Irygacja, drenaż i zasolenie. Międzynarodowa książka źródłowa. Paris, Unesco/Hutchirison (Wydawnictwa). 510pp.

FAO - UNESCO. (1998). Światowe Zasoby Podstawowe. Światowe zasoby glebowe Rep. Vol. 84. FAO, Rzym, Włochy. 161pp.

Fong, K.H., i Ulrich, A. (1970). Żywienie wapniowe białego ziemniaka różanego w odniesieniu do wzrostu i składników mineralnych liści. Communications in Soil Sci. And Plant Analysis 1 (1): 43-45.

Foth, H.D. (1984). Podstawy nauki o glebie. 7. edycja. Nowy Jork: John Wiley and Sons Inc.

Gee, G.W., i Bauder, J. W. (1986). Particle Size Analysis. W: Metody analizy gleby . Part I 2nd ed.A. Klute (ed) Agron. Monogr. 9.Madison, WI. ASA i SSSA.

Rowek, A.T. (1972). Ładunek rozpuszczony i stały przewożony przez niektóre rzeki Afryki Zachodniej: Senegal, Niger, Benue i Shari. J. Hydrol. 16:277-300.

Hanson, B., Schwankl, L., Grattan, S.R. i Prichard, T. (1994). Nawadnianie kroplowe dla Row Crops. Water Management Series, No 93-05University of California, Davis. Davis, California. 175pp.

Hassan, F. (1998). Micro-irrigation Management and Maintenance. Fresno, CA. Agro Industrial Management. 233pp.

Hazen i Sawyer, 1979. Taiz Water Supply and Sewer Project. Irrigation and Compensation Study, Jemenska Republika Arabska. Maghell, E.T., Ayers, R.S. i Fahey, R.J; dla Hazana i Sawyera, Nowy Jork, i Tipton i Kalmback, Denver, Colorado.

Hillel, D. (1980). Podstawy fizyki glebowej. Nowy Jork. Prasa akademicka.

Howard, D.D., i Adams, F. (1965). Zapotrzebowanie na wapń do penetracji podglebia przez pierwotne korzenie bawełny. Soil Sci. Soc. Amer. Proc. 29:558-562.

Jackson, M.I. (1962). Soil Chemical Analysis. Nowy Jork. Prentice Hall.

Jimba, S.C., i Adegoye, M.S. (2000). An assessment of the reliability of the handdug wells in River Bar catchment areas for small-scale irrigation, In: The Proceedings of the 26th Annual Conference of Soil Sci. Society of Nigeria.

Kitano, N. (1975). Geochemia wody do nawadniania. Soil Science. 113:277-28.

Koenigs, F.F.R; i Brinkman, R. (1964). Wpływ częściowego nasycenia sodem i magnezem na stabilność strukturalną gleb gliniastych. 8. Międzynarodowy Kongres Gleb Sci; Bukareszt. 219-225.

Landon, J.R. (1991) Booker Tropical Soil Manual. A Handbook for Soil Survey and Agricultural Land Evaluation in the Tropics and Sub-Tropics. Nowy Jork, USA. John Wiley and Son Inc. 474pp.

Larson, W.E; i Pierce, F.J. (1994). Dynamika jakości gleb jako miara zrównoważonego zarządzania In: J.W. Doran, D.C. Coleman, D.F. Bezdicek, i B.A. Stewart (red.), Definiowanie jakości gleby dla zrównoważonego środowiska. SSSA Special Publ. No. 35. Madison, WI: ASA, CSSA, i SSSA,

Lekwa, G; i Whiteside, E. P. (1996). Nadbrzeżne równiny piaskowe południowo-wschodniej Nigerii. Soil Science Society of America Journal 50: 154-160.

Maas, E. V. (1984). Tolerancja na sól dla roślin. W: The Handbook of Plant Science in Agriculture. B.R. Christie (red.). Boca Raton, Florida.CRC Press,

Marshall, T.J., i Holmes, J.W. (1988). Fizyka gleby. 2nd ed. New York. Cambridge University Press.

Mazor, E; i Verhagen, B. Th. (1976). Gorące źródła Rodezji: ich gazy szlachetne, skład izotropowy i chemiczny. J. Hydrol. 28:29-43.

Mazor, E. (1977). Wody gruntowe północnej Kalahari: Badania hydrologiczne, izotropowe i chemiczne w Orapa, Botswana. J. Hydrol. 35:203-234.

Mclean, E.O., (1965). Aluminium. In:C.A., Black, D.D. Evans , J.L. White, L.E. Ensminger, i F.E. Clark,(red.) Metody analizy gleby. Część 2. Prawidłowe powiązania chemiczne i mineralogiczne. Nr 9. Madison, Wis.USA. Am: Soc. Agon.

Michael, A.M. (1978). Irrigation Theory and Practice. New Delhi, Vikas Publ. House PVT Ltd. Masjid Rd; Jangpura.

Micheal A.M.(1985). Zasady i praktyka nawadniania. New Zdelhi, Indie. Wydawnictwo Vicas Ltd. 801pp.

Murat, R.C. (1970). Stratygrafia i paleogeografia kreda i dolnego trzeciorzędu w południowej Nigerii. African Geol. Ibadan, 251-268.

Natural Resource Authority, 1978. Aktualny stan zanieczyszczenia wód pitnych w Jordanii. Jordan National Water Symposium, 12-22 marca 1978 r. NRA, Amman.

Narodowa Akademia Nauk i Narodowa Akademia Inżynierii. (1972). Kryteria jakości wody Agencja Ochrony Środowiska Stanów Zjednoczonych, Waszyngton DC. Raport nr EPA-R373-033. 592p.

Nelson, D.W., i Sommers, E. (1982). Total Carbon, Organic matter. W: A.L., Page, R.H. Miller i D.R. Keeney. (Eds). Metody analizy gleby. Część 2, Właściwości chemiczne i mikrobiologiczne. 2nd ed. Agron. 9:539-579.

Nwa, E.U., i Martins, B. (1982). Rozwój nawadniania w Nigerii. W: Proceedings of the 4th Afro-Asian Regional Conference of International Commission on Irrigation and Drainage, Lagos, Nigeria. 1:1-18.

Obi, M.E. (2000). Fizyka gleby: Kompendium Wykładów. Nsukka. Atlanto publikacja.

Obi, M.E. 2009. Nawadnianie i odwadnianie. Unpubl. Notatka z wykładu. Departament Gleboznawstwa, Uniwersytet Nigeryjski, Nsukka.

Ochtman, L.H.J., i Debele, B. (1975). Szczegółowe badania glebowe i klasyfikacja gruntów do nawadniania, Stacja Badań Rolniczych Gode. Institute of Agricultural Research, Soil Survey Report No. 1. Addis Abeba.

Offodile, M.E. (1976). Geological Survey of Nigeria, Jos, Nigeria.

Ogueri, C. (2001). The fish abundance and potentials of river Katsina-Ala, Nigeria. J. Agric., and Related Sciences 1(1) : 24 - 30.

Ogilbee, W; i Anderson, H.R. (1965). Wiercenia poszukiwawcze wód gruntowych w zachodniej prowincji Sokoto w Nigerii (formacja Gwandu). Raport US Geological Survey Open File, lipiec 1965 r.

Ojeniyi, S.O. (1995). Żeby nasza ziemia nie umarła. 10th Inaugural Lecture, Federalny Uniwersytet Techniczny, Akure, 32pp.

Ojeniyi, S.O. (2002). Gospodarowanie glebą Zasoby naturalne i środowisko. 1. publikacja Adeniran comm. Prasa, Dugbe, Ibadan.

Oluwatosin, G.A; Aikore, O.S; i Ogunkunle, A.O. (2003). Assessing soil quality and land use potentials: and experiment from south western Nigeria, In: Proceedings of the 28th Annual Conference of Soil Science Society of Nigeria. 36pp.

Onweremdu, E.U; Oti, N.N; oraz Amakor, X.N. (2003). Selected physicochemical indicators of soil health in Owerri agricultural zone of south eastern Nigeria, In: Proceedings of the 28th Annual Conference of SSSN. 46pp.

Onyeokore, C.A.; oraz Akamigbo, F.O.R. (2003). Dynamic physical properties of lower Anambra irrigation project after ten years irrigation, In: Proceedings of the 28th Annual Conference of SSSN. 65pp.

Oster J.D; i Schroer, F.W. (1979). Infiltracja pod wpływem jakości wody do nawadniania. Soil Sci. Soc. Amer. J. 43: 444-447.

Oster, J.D.; i Rhoades, J.D. (1983). Irygacja słoną wodą. W: Soil and Water Newsletter. University of California Cooperative Extension. 56: 1-3.

Paliwal, K.V; i Gandhi, A.P. (1976). Effect of salinity, SAR, Ca: Mg ratio in irrigation water, and soil texture on the predictability of exchangeable sodium percentage. Soil Science 122:85.

Pearson, G.A. (1960). Tolerancja upraw na sód wymienialny. Biuletyn informacyjny USDA. 216: 4.

Pratt, P.F. (1972). Kryteria jakościowe dla pierwiastków śladowych w wodach irygacyjnych. California Agricultural Experiment Station. 46pp

Prichard, T.L. 1983. Zależności między zasoleniem wody do nawadniania a zasoleniem wody glebowo-wodnym. California Agriculture 37(7): 11-15.

Rahman, W.A.; i Rowell, D.L. (1979). Wpływ magnezu w glebach słonych i sodowych: Specyficzny efekt jonowy czy problem wymiany kationowej? J. Soil Sci. 30:535-546.

Randall, G.W., Shulte, D.E., i Corey, R.B. (1967). Korelacja roślinnego Mn z wydobywalnymi Mn i czynnikami glebowymi. Soil Sci. Soc. Amer. J. 40: 282-286.

Richards, L.A. (1954). Diagnoza i poprawa stanu gleb solankowych i zasadowych. USDA Agriculture Handbook No. 60, Washington DC, US Dept. Of Agric.

Rhoades, J.D. (1972). Jakość wody do nawadniania. Soil Science 113:277-284.

Rhoades, J.D., i Merrill, S.D. (1976). Ocena przydatności wody do nawadniania: Podejścia teoretyczne i empiryczne. W: Prognoza zasolenia i zasadowości. FAO Soil Bulletin 31. Rzym, FAO, Rzym. 69-110.

Rhoades, J.D. (1977). Potencjał w zakresie wykorzystania słonych rolniczych wód drenażowych do nawadniania. Proc. Gospodarka wodna do nawadniania i odwadniania. ASCE, Reno, Nevada. 20-22 lipca 1977 r., str. 85-116.

Rogers, D.A.; Lamm, F.R.; i Alam, M. (2003). Subsurface driprip irrigation system (SDI) water quality assessment guidelines. Irrigation Management Series. Kansas State University, Manhattan, Kansas.

Romig, D.E., Garlynd, M.J.; Harris, R.F; i Mcsweeney, K. (1995). How farmers assess soil health and soil quality. J. Soil Water Conservation. 50: 225-232.

Sangodoyin, A.Y., i Ogedengbe, K. (1991). Jakość i ilość wód podpowierzchniowych z punktu drzewostanowego nawadniania i zwierząt gospodarskich. J. Environ. Badania, 3: 251-262.

Sanchez, P.A. (1976). Nieruchomości i zagospodarowanie gleb w tropikach. Nowy Jork: J. Wiley and Sons Ltd.

Seybold, C.A., Mausbach, M.J., Karlen, D.L., i Rogers, H.H. (1998). Quantification of soil quality. W: R. Lal, J.M. Kimble, R.F. Follett, and B.A Stewart (eds.) Soil Processes and the Carbon Cycle. Bocaraton, CRS Press.

Shainberg, I., i Oster, J.D. (1978). Quality of Irrigation Water. Dagen, ITTC Publ. 2. Zakład. Izrael.

Shainberg, I., i Letey, J. (1983). Reakcja gleb na warunki sodowe i solankowe. Hilgardia 52 (2). Prasa Uniwersytetu Kalifornijskiego.

Shoeneberger, P.J., Wysocki, D.A., Benham, E.C., Broderson, W.D. (Eds) (2002). Field Book for Describing and Sampling Soils, Version 2.0. National Soil Survey Center, Natural Resources Conservation Service, Lincoln, NE. U.S. Department of Agriculture (Departament Rolnictwa USA).

Simpson, C.R., Corey, R.B. i Summer, M.E. (1979). Effect of Varying Ca: Mg ratios on yield and composition of Maize (*Zea mays*) and alfalfa (*Medicago sativa*). Komunikacja w analizie glebowej i roślinnej 10:153-162.

Singh, B.R. (2000). Quality of irrigation Water in Fadama Lands of Northwestern Nigeria. I. Wody gruntowe i powierzchniowe w Kebbi State Nig. J. basic i Apl. Sci. 9:133 - 148.

Personel do badań glebowych. (1951). Podręcznik badań glebowych. Departament Rolnictwa USA. Handbook 18 Washington DC, Drukarnia Rządowa USA.

Państwowa Rada Kontroli Zasobów Wodnych. (1981). Ocena projektów irygacji rolniczych wykorzystujących wodę odzyskiwaną. Raport przygotowany przez Boyle Engineering Corporation dla Office of Water Recycling, Sacramento, California.

Atlas Narodowy Federalnej Republiki Nigerii. (1978). Pierwsze wydanie. Narysowany i odtworzony przez Federalny Sondaż Lagos, Nigeria.

Tietjan, C., Bramm, A., El-Bassam, N., i Fleer, H.O. (1978). Oczyszczanie ścieków w Braunschweigu i Wolfsburgu, Niemcy. W: State of Knowledge in Land Treatment of Wasteewater, Volume 1: Proc. International Symposium held 20-25, August 1978, Hanover, New Hampshire. 221-229.

Udo, E.J., Ibia, T.O., Ogunwale, J.A., Ano, A.O. i Esu, I.E. (2009). Manual of Soil, Plant and Water Analysis, 1stEdition.Sidon Book Ltd, Lagos. (2009). Sidon Book Ltd., Lagos. 17 – 76.

Udom, B.E., Amba, E.A., i Mbagwu, J.S.C. (2003). Zagrożenia związane z zasoleniem i degradacją właściwości fizycznych gleby piaszczystej Nsukka po długotrwałym usuwaniu odpadów organicznych. W: Obrady 28. Dorocznej Konferencji SSSN.

Ulrich, A., i Mostafa, M.A.E. (1976). Calcium nutrition of the sugar beet. Communications in Soil and Plant Nutrition. 7(5): 483-495.

United State Geological Survey, (1974). Jakość wód powierzchniowych Stanów Zjednoczonych. Water Supply Papers. Washington DC. 2145-2150

Biuro Rekultywacji Stanów Zjednoczonych, (1953). Podręcznik klasyfikacji gruntów. Departament Spraw Wewnętrznych Stanów Zjednoczonych. Publikacja. V. Część 2. 53pp.

Amerykańskie Biuro Rekultywacji i Agencja Wodna Południowych Delt. (1980). Effects of the Central Valley Project on the Southern Delta Water Supply, Sacramento-San Joaquin River Delta, California.

USDA, 2001. Wytyczne dotyczące oceny jakości gleby w planowaniu ochrony. WashingtonDC, United States Dept. of Agriculture, Natural Conservation Service. Soil Quality Institute (Instytut Jakości Gleby).

Van't Leven, J.A., i Haddad, M.A. (1968). Nawadnianie powierzchniowe solanką na ciężkiej glinianej glebie w dolinie Medjerda w Tunezji. Institute for Land and Water Management Research, Technical Bulletin No. 54. Holandia J. Agriculture, Wageningen 15:281-303.

Welcomme, R.L.(1976). Niektóre ogólne i teoretyczne rozważania na temat ryb z rzek afrykańskich. T. Fish Bio. 8: 351 364.

Worthington, E. B. (ed). 1977. Arid Land Irrigation in Developing Countries: Environmental Problems and Effects. Pergamon Press, Oxford. 463p.

WyeCollege, 1975. Wadi Dhuleil, Jordan-An Ex-post Evaluation. Wye College (Uniwersytet Londyński), Algierska Jednostka Rozwoju Occasional Paper No. 1.

Yakubu, M. , Bello, S. , Noma, S.S. i Danmowa, N.M. (2006). Jakość wody nawadniającej i właściwości glebowe gruntów Fadama w Sokoto Metropolis. W: Obrady 30. dorocznej konferencji Towarzystwa Nauk o Glebie w Nigerii. 333- 341.

DODATKI

Dodatek 1: Lokalizacja 1: Wende

Czas trwania (w sekundach)	**Objętość zużytej wody (cm3)**	**Cum. Czas (sekunda)**	**Cum. Objętość użytej wody (cm3)**
121	250	121	250
200	250	321	500
247	250	568	750
332	250	900	1000
360	250	1260	1250

Wydajność infiltracji (k) obliczenie:

K = Q / A x t

Gdzie;

Q = Objętościowa ilość zużytej wody (cm3)

A = Powierzchnia przekroju poprzecznego gleby (cm2)

t = czas infiltracji wody (drugi)

K = wydajność infiltracji w cm/sec.

Dlatego:

Q = skumulowana objętość zużytej wody = 1250 cm3

A = powierzchnia zagłębienia permeametrowego (10cm x 10cm) = 100cm2

t = łączny czas trwania = 1260 sek.

Zastosowanie formularza;

K = Q/A x t= 1250cm3/100cm2 x 1260sec = 0.00992cm/sec

Or= 0,00992cm/s x 10-2 = 9,92 x 10-5m/s

= 0,0000992m/s x $^{10-6}$ = 9,92 x 10-11 um/s

=0.00992cm/s x 60s x 60min = 35.71cm/godz.

= 0.0000992m/s x 60s x 60min x 24hrs = 8.57m/dzień

Dodatek 2: Lokalizacja 2: Tse Agera

Czas trwania (w sekundach)	Objętość zużytej wody (cm3)	Cum. Czas (sekunda)	Cum. Objętość użytej wody (cm3)
125	250	125	250
199	250	324	500
238	250	562	750
330	250	892	1000
364	250	1256	1250

Wydajność infiltracji k = 0,995 cm/s lub 9,95 x 10-5 m/s lub 9,95 x 10-11um/s lub 35,8 cm/godz. lub 8,60 m/dzień

Dodatek 3: Lokalizacja 3: Gege

Czas trwania (w sekundach)	Objętość zużytej wody (cm3)	Cum. Czas (sekunda)	Cum. Objętość użytej wody (cm3)
125	250	125	250
210	250	335	500
252	250	587	750
340	250	927	1000
381	250	1308	1250

Wydajność infiltracji k = 0,00956cm/s lub 9,56 x 10-5m/s lub 9,56 x 10-11um/s lub 34,4cm/godz. lub 8,26m/dobę

Dodatek 4: Lokalizacja 4: Tse Mafeega

Czas trwania (w sekundach)	Objętość zużytej wody (cm3)	Cum. Czas (sekunda)	Cum. Objętość użytej wody (cm3)
107	250	107	250
189	250	296	500
231	250	527	750
323	250	850	1000
350	250	1200	1250

Wydajność infiltracji k = 0,104cm/s = 1,04x 10-4m/s = 1,04 x 10-10um/s = 37,4 cm/godz. = 9,00m/dzień.

Dodatek 5: Lokalizacja 5: Tse Aze

Czas trwania (w sekundach)	Objętość zużytej wody (cm3)	Cum. Czas (sekunda)	Cum. Objętość użytej wody (cm3)
128	250	128	250
173	250	301	500
265	250	566	750
313	250	879	1000
341	250	1220	1250

Wydajność infiltracji k = 0,102 cm/s = 0,000102m/s = 1,02 x 10-10um/s = 36,9 cm/godz. = 8,81 m/dzień.

Dodatek 6: Lokalizacja 6: Zugu

Czas trwania (w sekundach)	**Objętość zużytej wody (cm3)**	**Cum. Czas (sekunda)**	**Cum. Objętość użytej wody (cm3)**
123	250	123	250
210	250	333	500
245	250	578	750
329	250	907	1000
370	250	1277	1250

Wydajność infiltracji k = 0,00979cm/s = 9,79 x 10-5m/s = 9,97 x 10-11um/s = 35,2cm/godz. = 8,46m/dzień.

Dodatek 7: Lokalizacja 1: Ambighir

Czas trwania (w sekundach)	**Objętość zużytej wody (cm3)**	**Cum. Czas (sekunda)**	**Cum. Objętość użytej wody (cm3)**
20	250	20	250
40	250	60	500
44	250	104	750
59	250	164	1000
72	250	235	1250

Wydajność infiltracji K = 0,0532cm/sec = 0,000532m/s = 5,32 X 10-10µm/s

= 191,5 cm/godz. = 45,96 m/dzień

Dodatek 8: Lokalizacja 2: Kyuwen

Czas trwania (w sekundach)	Objętość zużytej wody (cm3)	Cum. Czas (sekunda)	Cum. Objętość użytej wody (cm3)
22	250	22	250
45	250	67	500
50	250	117	750
63	250	180	1000
84	250	264	1250

Wydajność infiltracji K = 0,0473cm/sec = 0,000473m/s = 4,73 x 10-10µm/s
= 170,28 cm/godz. = 40,87 m/dzień

Dodatek 9: Lokalizacja 3: Mkar

Czas trwania (w sekundach)	Objętość zużytej wody (cm3)	Cum. Czas (sekunda)	Cum. Objętość użytej wody (cm3)
19	250	19	250
41	250	60	500
49	250	109	750
69	250	178	1000
82	250	260	1250

Wydajność infiltracji K = 0,0481cm/sec = 0,000481m/s = 4,81 x 10-10µm/s
= 173,16 cm/godz. = 41,56 m/dzień.

Dodatek 10: Lokalizacja 4: Mkovul

Czas trwania (w sekundach)	Objętość zużytej wody (cm3)	Cum. Czas (sekunda)	Cum. Objętość użytej wody (cm3)
62	250	62	250
132	250	194	500
154	250	348	750
190	250	538	1000
256	250	794	1250

Wydajność infiltracji K = 0,0157cm/sec = 0,000157m/s = 1,57 x 10-10μm/s
= 56,52 cm/godz. = 13,56 m/dzień.

Dodatek 11: Lokalizacja 5: Kyase

Czas trwania (w sekundach)	Objętość zużytej wody (cm3)	Cum. Czas (sekunda)	Cum. Objętość użytej wody (cm3)
59	250	59	250
139	250	193	500
160	250	353	750
198	250	551	1000
267	250	818	1250

Wydajność infiltracji K = 0,0153cm/sec = 0,000153m/s = 1,53 x 10-10μm/s
= 55,08 cm/godz. = 40,87 m/dzień.

Dodatek 12: Lokalizacja 6: Gatie

Czas trwania (w sekundach)	Objętość zużytej wody (cm3)	Cum. Czas (sekunda)	Cum. Objętość użytej wody (cm3)
61	250	61	250
130	250	191	500
156	250	347	750
192	250	539	1000
260	250	799	1250

Wydajność infiltracji K = 0,0156cm/sec = 0,000156m/s = 1,56 x 10-10µm/s
= 56,16 cm/godz. = 13,48 m/dzień.

Dodatek 13: Lokalizacja 1: Lower Benue Farm

Czas trwania (w sekundach)	Objętość zużytej wody (cm3)	Cum. Czas (sekunda)	Cum. Objętość użytej wody (cm3)
78	250	78	250
130	250	208	500
177	250	385	750
217	250	602	1000
231	250	833	1250

Wydajność infiltracji K = 0,0150cm/sec = 0,00015m/s = 1,5 x 10-10µm/s
= 54 cm/godz. = 12,96 m/dzień.

Dodatek 14: Lokalizacja 2: Ugbema

Czas trwania (w sekundach)	**Objętość zużytej wody (cm3)**	**Cum. Czas (sekunda)**	**Cum. Objętość użytej wody (cm3)**
77	250	77	250
123	250	200	500
165	250	365	750
213	250	578	1000
241	250	819	1250

Wydajność infiltracji K = 0,0153cm/sec = 0,000153m/s = 1,53 x 10-10µm/s
= 55,08 cm/godz. = 13,22 m/dzień.

Dodatek15: Lokalizacja 3: Tomataan

Czas trwania (w sekundach)	**Objętość zużytej wody (cm3)**	**Cum. Czas (sekunda)**	**Cum. Objętość użytej wody (cm3)**
108	250	108	250
184	250	293	500
232	250	525	750
321	250	846	1000
348	250	1194	1250

Wydajność infiltracji K = 0,0105cm/sec = 0,000105m/s = 1,05 x 10-10µm/s
= 37,7 cm/godz. = 9,07 m/dzień.

Dodatek 16: Lokalizacja 4: Hausa Quarters

Czas trwania (w sekundach)	Objętość zużytej wody (cm3)	Cum. Czas (sekunda)	Cum. Objętość użytej wody (cm3)
59	250	59	250
118	250	177	500
160	250	337	750
200	250	537	1000
215	250	752	1250

Wydajność infiltracji K = 0,0166cm/sec = 0,000166m/s = 1,66 x 10-10µm/s
= 59,76 cm/godz. = 14,34 m/dzień.

Dodatek 17: Lokalizacja 5: Wyższa Szkoła Pedagogiczna (Abaver)

Czas trwania (w sekundach)	Objętość zużytej wody (cm3)	Cum. Czas (sekunda)	Cum. Objętość użytej wody (cm3)
46	250	46	250
97	250	143	500
152	250	295	750
202	250	497	1000
216	250	713	1250

Wydajność infiltracji K = 0,0175cm/sec = 0,000175m/s = 1,75 x 10-10µm/s
= 63 cm/godz. = 15.12 m/dzień.

Dodatek 18: Lokalizacja 6: AketaVillage

Czas trwania (w sekundach)	Objętość zużytej wody (cm3)	Cum. Czas (sekunda)	Cum. Objętość użytej wody (cm3)
41	250	41	250
92	250	133	500
143	250	276	750
198	250	474	1000
217	250	691	1250

Wydajność infiltracji K = 0,0181cm/sec = 0,000181m/s = 1,81 x 10-10µm/s

= 65,16 cm/godz. = 15,64 m/dzień.

Dodatek 19: KOMPONENT CHEMICZNY PRÓBEK WODY REWERY (Sezon mokry)

Parametry	LOGO				AMBIGHIR				KATSINA-ALA				Normy wodne FAO dotyczące nawadniania:
	R1	R2	R3		R1	R2	R3		R1	R2	R3		Zwykłe zakresy
Temp (^{0C})	28.0	28.0	28.0		28.0	28.0	28.0		28.0	28.0	28.0		
Zmętnienie mg/l	72.10	51.20	57.70		42.30	42.10	42.10		64.10	64.10	64.0		50-100mg/l
Ph	7.50	7.50	7.80		8.30	8.30	8.30		7.90	8.00	7.90		6.0-8.5
WE ds/m	0.03	0.03	0.03		0.07	0.07	0.07		0.03	0.03	0.03		0-3ds/m
Ca me/l	0.24	0.24	0.25		0.32	0.33	0.33		0.26	0.26	0.26		0-20me/l
Mg	0.23	0.24	0.23		0.33	0.33	0.33		0.27	0.27	0.26		0-5me/l

me/l													
Na mnie/l	0.09	0.10	0.09		0.21	0.21	0.21		0.11	0.12	0.11		0-40me/l
K mg/l	2.40	0.44	2.51		5.40	5.41	5.41		1.80	1.78	1.79		0-2mg/l
Zamknij mnie/l	0.50	0.48	0.50		0.70	0.70	0.70		0.71	0.70	0.70		0-30me/l
B mg/l	0.12	0.12	0.12		0.16	0.16	0.15		0.14	0.14	0.14		0-2mg/l
Fe mg/l	0.76	0.75	0.75		0.64	0.63	0.64		0.46	0.46	0.46		0-1,5mg/l
Mn mg/l	0.15	0.13	0.15		0.18	0.18	0.16		0.11	0.14	0.13		0-2mg/l
NO3mg/l	0.0004	0.0004	0.0004		0.0004	0.0004	0.0004		0.0002	0.0002	0.0002		0-10mg/l
SO4me/l	0.07	0.07	0.09		0.92	0.91	0.92		0.92	0.92	0.92		0,-20me/l
HCO3 me/l	1.00	1.01	1.00		1.00	1.00	1.00		0.60	0.60	0.60		0-10me/l
TDS mg/l	220	190	216		163	163	158		300	310	340		0-2000mg/l
Twardość mg/l	27.0	27.0	27.0		35.0	35.0	35.0		31.0	31.0	31.0		<80mg/l

SAR ja/l	0.19	0.20	0.18		0.37	0.37	0.37		0.22	0.24	0.22		0-15me/l

R1, R2 i R3 = odpowiednio górna, środkowa i dolna pozycja rzeki.

EC = przewodnictwo elektryczne, SAR = współczynnik pochłaniania sodu.

Dodatek 20: KOMPONENT CHEMICZNY PRÓBEK WODY REWERY (sezon suchy)

Parametry	LOGO				AMBIGHIR				KATSINA-ALA				Normy wodne FAO dotyczące nawadniania:
	R1	**R2**	**R3**		**R1**	**R2**	**R3**		**R1**	**R2**	**R3**		**Zwykłe zakresy**
Temp (^{0C})	26.5	26.5	26.5		26.5	26.5	26.5		26.5	26.5	26.5		
Zmętnienie mg/l	20.0	18.0	18.0		17.0	17.0	16.7		2.30	22.7	30.0		50-100mg/l
pH	7.80	8.00	7.50		7.40	7.20	7.20		8.10	7.90	8.10		6.0-8.5
WE ds/m	0.04	0.05	0.05		0.09	0.09	0.09		0.04	0.04	0.04		0-3ds/m
Ca me/l	0.51	0.46	0.49		0.37	0.37	0.35		0.25	0.26	0.26		0-20me/l
Mg me/l	0.41	0.42	0.41		0.38	0.39	0.39		0.26	0.26	0.26		0-5me/l
Na mnie/l	0.18	0.21	0.21		0.21	0.21	0.21		0.31	0.30	0.32		0-40me/l
K mg/l	2.00	1.19	1.19		1.76	2.04	20.4		1.78	1..75	1.64		0-2mg/l
Zamknij mnie/l	0.30	0.31	0.38		0.70	0.62	0.63		0.70	0.70	0.70		0-30me/l

B mg/l	0.09	0.10	0.10		0.13	0.13	0.14		0.14	0.14	0.14		0-2mg/l
Fe mg/l	0.94	1.10	0.97		0.51	0.55	0.54		0.41	0.43	0.41		0-1,5mg/l
Mn mg/l	0.15	0.17	0.13		0.17	0.17	0.16		0.14	0.14	0.14		0-2mg/l
NO3mg/l	0.003	0.00 2	0.002		0.003	0.00 3	0.003		0.00 2	0.002	0.002		0-10mg/l
SO4me/l	0.04	0.06	0.05		0.40	0.41	0.39		0.70	0.67	0.69		0,-20me/l
HCO3me/l	1.15	1.49	1.52		1.19	1.19	1.19		0.60	0.61	0.61		0-10me/l
TDS mg/l	120	102	97		100	87	89		200	200	210		0-2000mg/l
Twardość mg/l	30.0	30.0	30.0		35.0	36.0	36.0		31.0	33.0	33.0		<80mg/l
SAR ja/l	0.26	0.32	0.31		0.34	0.34	0.34		0.62	0.59	0.63		0-15me/l

R1, R2 i R3 = odpowiednio górna, środkowa i dolna pozycja rzeki.

Dodatek 21: KOMPONENT CHEMICZNY PRÓBEK WODY ŚWIETLNEJ (Sezon Mokry)

Parametry	LOGO			AMBIGHIR			KATSINA-ALA			Normy wodne FAO dotyczące nawadniania:
	W1	W2	W3	W1	W2	W3	W1	W2	W3	Zwykłe zakresy
Temp (^{0C})	28.0	28.0	28.0	28.0	28.0	28.0	28.0	28.0	28.0	
Zmętnienie mg/l	49.30	50.0	38.0	24.0	20.0	31.0	65.00	8.10	50.0	50-100mg/l
pH	7.10	7.03	7.20	7.80	7.81	7.70	6.50	6.0	7.30	6.0-8.5
WE ds/m	0.09	0.08	0.09	0.10	0.11	0.10	0.10	0.09	0.13	0-3ds/m
Ca me/l	0.65	0.65	0.66	0.53	0.53	0.54	0.41	0.23	0.42	0-20me/l
Mg me/l	0.50	0.44	0.40	0.51	0.49	0.52	0.38	0.28	0.44	0-5me/l
Na mnie/l	0.39	0.36	0.37	0.29	0.29	0.33	0.09	0.08	0.11	0-40me/l
K mg/l	16.00	3.70	14.00	1.20	12.70	16.00	7.70	2.10	1.00	0-2mg/l
Zamknij mnie/l	2.00	0.80	5.00	0.80	4.0	5.0	1.8	2.20	0.90	0-30me/l

B mg/l	0.30	0.12	0.10		0.13	0.20	0.17		0.15	0.30	0.16		0-2mg/l
Fe mg/l	0.82	0.79	1.00		1.24	2.20	1.19		0.52	0.41	1.60		0-1,5mg/l
Mn mg/l	0.21	0.23	0.20		0.22	0.22	0.20		0.14	0.09	0.17		0-2mg/l
NO3mg/l	0.011	0.001 6	0.001 3		0.000 5	0.000 5	0.000 6		0.001 2	0.001 0	0.001 4		0-10mg/l
SO4me/l	0.17	0.14	0.11		0.42	0.50	0.40		1.06	0.19	0.10		0,-20me/l
HCO3 me/l	0.60	0.61	0.59		1.00	1.00	1.00		1.60	0.90	1.63		0-10me/l
TDS mg/l	70.0	120	98.0		80.0	110.0	200		75.0	60.0	90.0		0-2000mg/l
Twardość mg/l	63.0	61.0	64.0		58.0	51.0	49.0		36.0	24.0	36.0		<80mg/l
SAR ja/l	0.51	0.49	0.51		0.39	0.41	0.45		0.14	0.16	0.26		0-15me/l

W1, W2 i W3 = studnia (woda) z różnych miejsc w zlewni.

Dodatek 22: KOMPONENT CHEMICZNY PRÓBEK WODY ŚCIEKŁEJ (Sezon suchy)

Parametry	LOGO			AMBIGHIR			KATSINA-ALA			**Normy wodne FAO dotyczące nawadniania:**
	W1	**W2**	**W3**	**W1**	**W2**	**W3**	**W1**	**W2**	**W3**	Zwykłe zakresy
Temp (^{0C})	26.7	26.7	26.7	29.1	29.1	29.1	28.0	28.0	28.0	
Zmętnienie mg/l	26.0	30.0	28.0	25.0	18.0	27.0	17.10	8.0	20.0	50-100mg/l
pH	6.00	7.01	6.30	7.20	6.10	6.81	6.20	6.00	6.77	6.0-8.5
WE ds/m	0.05	0.04	0.07	0.09	0.10	0.07	0.08	0.09	0.03	0-3ds/m

Ca me/l	0.60	0.55	0.47		0.49	0.51	0.51		0.41	0.20	0.33		0-20me/l
Mg me/l	0.42	0.40	0.40		0.45	0.44	0.47		0.30	0.28	0.35		0-5me/l
Na mnie/l	0.30	0.31	0.33		0.29	0.24	0.30		0.10	0.07	0.09		0-40me/l
K mg/l	4.00	0.90	2.10		0.82	2.00	7.00		3.40	0.70	0.08		0-2mg/l
Zamknij mnie/l	1.10	0.80	3.00		0.50	3.00	2.00		1.00	2.00	0.90		0-30me/l
B mg/l	0.23	0.09	0.07		0.09	0.20	0.11		0.10	0.14	0.09		0-2mg/l
Fe mg/l	1.03	0.91	1.00		0.97	2.30	1.20		0.86	0.92	1.64		0-1,5mg/l
Mn mg/l	0.21	0.14	0.17		0.20	0.12	0.10		0.11	0.09	0.13		0-2mg/l
NO3 mg/l	0.0007	0.00 10	0.000 9		0.00 02	0.000 3	0.000 3		0.00 10	0.000 6	0.001 0		0-10mg/l
SO4 me/l	0.12	0.11	0.09		0.18	0.25	0.20		1.00	0.13	0.95		0,-20me/l

HCO3 me/l	0.30	0.52	0.45		0.96	0.82	0.95		0.90	0.83	0.92		0-10me/l
TDS mg/l	60.0	60.0	70.0		45.0	50.0	50.0		25.0	40.0	45.0		0-2000mg/l
Twardość mg/l	29.0	26.1	30.1		28.2	26.1	26.4		30.0	21.0	29.0		<80mg/l
SAR ja/l	0.42	0.45	0.50		0.42	0.35	0.43		0.17	0.14	0.16		0-15me/l

W1, W2 i W3 = studnia (woda) z różnych miejsc w zlewni.

Dodatek 23: Jednostka miary/konwersji

1km=1000m

1cm =0 .01m = 1/100

1mm=0 ,001 = 1/1000

Masa g)

1 tona = 1000000g lub 1000kg

1kg=1000g

1mg = 0,001g lub 1/1000

Zdolność: Litr (L)

1 kl = 1000l

1l = 1l

1ml = 0,001l lub 1/100

Czas (drugi)

1 sec = 1s

1min = 60s

1 godzina = 3600s = 60min

Konwersje

Mg/l ≈ części na milion (ppm)

Meq/l = mg/l/eq.wt = meq/l i 1 meq/l = 1 mmol/1

ds/m = 1 mmho/cm

Do nawrócenia:

Meq/l do ppm (mg/l) = meq/l x eq.wt = ppm (mg/l)

cm/sec do m/s = cm/sec x 10-2 lub cm/sec/100 = m/s

m/s do µm/s = m/s x $^{10-6}$ lub m/s 1000000 = µm/s

m/s do m/dzień = cm/sec x 60 sek x 60min x 24hrs = m/dzień

cm/sec do m/dzień = cm/sec x 60sec x 60min x 24hrs x 10-2 = m/dzień μm/s do cm/hr = μm/s x 0,36 lub μm/s x 3600 x 10-4 = cm/hr (Foth, 1984).

Cm/s do cm/godz. = cm/s x 60s x 60min = cm/godz.

FSC
www.fsc.org
MIX
Papier | Fördert
gute Waldnutzung
FSC® C083411

Kolibri 360 GmbH
Ferdinand-Jühlke-Straße 7
99095 Erfurt, Deutschland
produktsicherheit@kolibri360.de

Druck:
CPI Druckdienstleistungen GmbH
im Auftrag der
Kolibri 360 GmbH
Ferdinand-Jühlke-Str. 7
99095 Erfurt